成熟時尚手作小物·打造繽紛生活

墨色藝術雜貨
製作方法

兔書屋　製作協力·佐原啓子

製作某些作品時必須使用紙型。請至下方網址下載紙型，無法使用網路
的人，可列印 P.120 ～ 125 的紙型作為替代。列印紙型時，請將圖案放
大 200％。

【紙型下載網址】
http://hobbyjapan.co.jp/manga_gihou/item/3245/

本書在每個作品中準備了製作過程的影片，請用手機掃描 QR code 觀
看。影片中的製作步驟、使用的工具和材料，可能與書中內容略有不
同，可以透過影片確認製作流程。

前言

感謝你閱讀這本書。

本書將為你介紹藝術雜貨的製作方法，我們以墨色為主題，在家中現有的材料上，用墨汁、壓克力顏料、油性筆等工具進行上色，作法十分簡單。

每樣作品的頁面中都有列出工具和材料清單，如果無法準備某些用具，也可以用手邊現有的物品代替。

在墨象作家山崎法太老師的「ART AND CRAFTCENTER」墨象教室，我和協助製作本書的佐原啓子相遇。在墨象的世界裡，除了在紙上用墨和筆創作之外，還能在不用筆、不用墨的情況下自由發想，我們兩人對此深深著迷。

快速地畫，緩慢地畫，使用工具作畫，

光是一條線，就有無限多種表現方式。

我們希望讓更多人體驗這種自由的表現法，於是以常見的藝術為題材，思考兩人能夠做出什麼樣的物品。

運用水墨的顏色，打造成熟時尚的日常生活空間。

請務必體驗看看藝術表現的有趣之處。

大場玲子

目次

技法介紹 007

技法 1　用牛奶盒蓋印 010

技法 2　用牛奶盒蓋印長線條 010

技法 3　用牛奶盒畫出四邊形 010

技法 4　彎折牛奶盒，蓋印圖形 011

技法 5　用巴爾沙木材蓋印 011

技法 6　橡皮擦印章 011

技法 7　用瓦楞紙圖章 012

技法 8　用塑膠蓋印 012

技法 9　用木材蓋印 012

技法 10　用紙芯的邊緣蓋印 013

技法 11　用海綿蓋印 013

技法 12　用紙團蓋印 013

技法 13　葉片蓋印 014

技法 14　用免洗筷蓋印 014

技法 15　用水彩紙蓋印 014

技法 16　用紙芯滾動蓋印 015

技法 17　用木材單板蓋印 015

技法 18　用布料蓋印 015

技法 19　拓印 016

技法 20　用淺墨與深墨滲透暈染 016

技法 21　滴畫（點狀） 016

技法 22　滴畫（水滴狀） 017

技法 23　用排刷作畫　017

技法 24　用筆畫斜線　017

技法 25　軟筆與硬筆表現法　018

技法 26　線圈圖形　018

技法 27　松針圖案　018

技法 28　交錯的線條圖案　019

技法 29　用裁剪過的紙設計圖案　019

技法 30　車縫刺繡　019

改造信封　025

原創信紙　029

文香　033

聖誕卡片　037

日式紅包袋　041

改造胸章與布包鈕扣　047

有趣小圖案的大胸章　048

幾何圖形個性亞麻布胸章　050

用布包鈕扣製作磁鐵與髮圈　052

成熟別緻的車縫刺繡胸章　054

如何使用配件組製作布包鈕扣　056

如何使用金屬胸章配件組製作胸章　057

原創托特包　061

原創黑色托特包　065

改造白襯衫　069

彩繪盤　075

酒杯標記　079

筷子收納袋與餐墊　083

方塊燈具　089

北歐風燈具　093

珪藻土掛畫　097

皮革掛軸　101

木板角料掛軸　105

牛皮紙掛軸　108

復古相框　113

木質感相框　116

紙型　120

作者介紹　126

協力製作者介紹　127

技法介紹

工具・材料
Tools and materials

要不要挑戰看看藝術創作呢？

在空的果凍容器或瓶蓋上，

用墨汁、壓克力顏料、墨筆或油性麥克筆等

隨手可得的材料塗上墨汁，

做成圓形的圖章。

生活中常見的材料，

比如巴爾沙木材、硬紙板的波紋，

也能用來製作藝術品。

一起尋找能在生活中使用的物品，

享受生活藝術的樂趣吧！

紙
Paper

同樣的技法用在不同的紙上會產生截然不同的效果。和
紙、水彩紙，或是平塗土砂液（防滲透）的版畫紙，也
能做出很特別的效果。
請在各式各樣的紙上嘗試不同的技法。

技法介紹

技法 1

用牛奶盒蓋印

將牛奶盒裁成各種長度，用牛奶盒的邊緣沾取墨汁，做出平行線與垂直線的圖形組合。輕輕蓋印會出現細線，壓著牛奶盒滑動可以蓋出粗線。

➡ P.050　幾何圖形個性亞麻布胸章
➡ P.061　原創托特包
➡ P.065　原創黑色托特包
➡ P.083　筷子收納袋與餐墊

技法 2

用牛奶盒蓋印
長線條

將牛奶盒裁剪成長條狀，在邊緣處用筆塗上墨汁，拉出細長的線條。

➡ P.083　筷子收納袋與餐墊
➡ P.050　幾何圖形個性亞麻布胸章

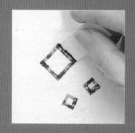

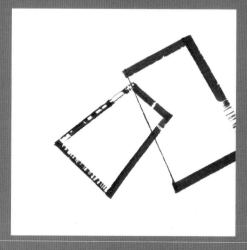

技法 3

用牛奶盒
畫出四邊形

將牛奶盒裁剪成不同長度，在邊緣處用筆塗上墨汁，壓著牛奶盒滑動，畫出四邊形。只蓋印不滑動，可以做出細線。蓋印出邊長不同的四邊形，呈現有趣的圖形。

➡ P.050　幾何圖形個性亞麻布胸章

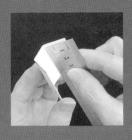

技法 4
彎折牛奶盒，
蓋印圖形

先裁剪牛奶盒，再用尺將牛奶盒彎成「ㄇ字型」或「ㄑ字型」，在邊緣處用筆塗上墨汁並蓋印出圖案。蓋印大量的圖形可以表現出有趣的畫面。

技法 5
用巴爾沙木材蓋印

將巴爾沙木材切割下來，用筆塗上墨汁，蓋印在紙張或布料上，呈現木紋的溫暖質感。不同深淺的墨汁可以玩出不一樣的木紋表現。

➡ P.037　聖誕卡片
➡ P.041　日式紅包袋
➡ P.052　用布包鈕扣製作磁鐵與髮圈

技法 6
橡皮擦印章

在橡皮擦上用鉛筆畫出圖形，沿著線條割掉多餘的部分就能做出印章。在每個角落仔細地塗上墨汁，並且用力蓋印。

➡ P.048　有趣小圖案的大胸章

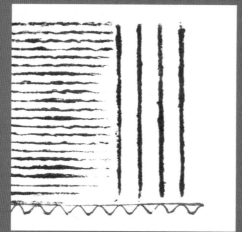

技法 7

用瓦楞紙圖章

將瓦楞紙其中一面的紙撕下來，在波浪面塗上墨汁，蓋印出均等的平行線或切口的波紋。不同厚度的瓦楞紙，可呈現不同線條粗細的波浪形狀。

➡ P.105　木板角料掛軸

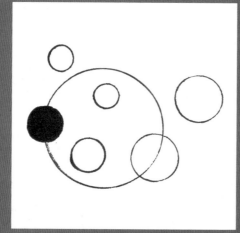

技法 8

用塑膠蓋印

用砂紙在塑膠容器或瓶蓋的邊緣輕輕摩擦，讓墨汁更容易附著，接著用筆塗上墨汁，蓋印圖形。不同尺寸的塑膠可以做出各式各樣的圓形。

➡ P.052　用布包鈕扣製作磁鐵與髮圈
➡ P.083　筷子收納袋與餐墊

技法 9

用木材蓋印

將木材切割下來，用筆沾取磨好的墨汁，在木材的光滑面塗上墨汁，蓋印圖案。在有厚度的畫紙上蓋印，可呈現漂亮的水墨深淺變化。

技法 10
用紙芯的邊緣蓋印

在衛生紙紙筒芯的邊緣處用筆塗滿墨汁，蓋印圖案。蓋出兩個重疊的圓形，稍微改變形狀並蓋出橢圓形，玩出不一樣的變化。

➜ P.065　原創黑色托特包

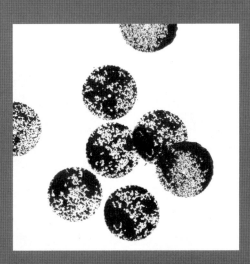

技法 11
用海綿蓋印

將墨汁塗在海綿拓印棒或廚房專用海綿上，以點壓的方式蓋印圖案。蓋印大量圓形可以呈現可愛氛圍，四邊形則能夠表現出俐落感。

技法 12
用紙團蓋印

將現有的紙張揉成一團，在紙團上塗墨汁後，直接蓋印圖案。搭配不同深淺的水墨做出變化感。

技法 13
葉片蓋印

挑選葉脈較明顯的葉子,用書本之類的重物壓住葉子半天至一天,葉片壓平後,用筆在背面的葉脈上塗墨汁,在紙上蓋印圖案。有毛的葉子不適合當作圖章。

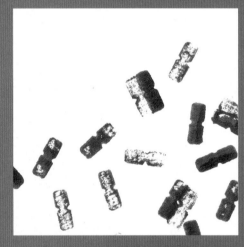

技法 14
用免洗筷蓋印

不要拆開免洗筷,在頂部和前端塗上墨汁後,蓋印圖案。大量的圖形可以呈現出有趣的畫面。

技法 15
用水彩紙蓋印

選用粗紋水彩紙,利用粗糙面進行蓋印。將畫紙裁剪下來,在粗糙面用筆塗上墨汁,將水彩紙放在其他紙上壓住,從上面蓋印出圖案。

技法 16
用紙芯滾動蓋印

選用圓筒芯較硬的材料，例如鋁箔紙的紙芯，將紙芯剪成喜歡的大小，用筆在外側塗上墨汁。戴上塑膠手套，將紙芯壓在紙上滾動，就能做出特別的紋路。

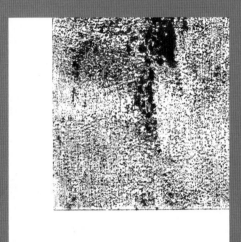

技法 17
用木材單板蓋印

在單板的整面塗上墨汁後，將單板用力壓在紙上並蓋印圖案。此技法可以做出漂亮的木紋。

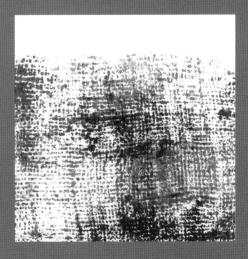

技法 18
用布料蓋印

選用編織紋較粗的布料，在布料上面塗墨汁，用衛生紙擦除多餘的墨，將布料壓在紙上，手掌由左而右摩擦布料並蓋印紋路。

技法 19
拓印

在你想上色的地方黏貼紙膠帶，框出上色範圍。先將壓克力顏料和布料織品媒劑混合，再用海綿拓印棒沾取顏料。用衛生紙擦掉一些顏料，在布料上多次按壓，慢慢增加顏色的深度。

➜ P.069　改造白襯衫

技法 20
用淺墨與深墨滲透暈染

用筆沾取淺色墨汁，畫出稍粗的線條，趁淺墨還沒乾之前畫出交錯的深墨線條，呈現漂亮的暈染效果。用淺墨畫一個圓，在圓形中央用筆尖輕輕塗上深墨，畫出有滲透暈染效果的圓形。

➜ P.089　方塊燈具
➜ P.052　用布包鈕扣製作磁鐵與髮圈

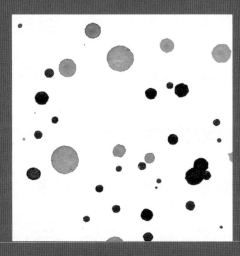

技法 21
滴畫（點狀）

畫筆充分沾取墨水，食指輕敲筆桿的上方。重複噴濺墨水 2 至 3 次，做出協調平衡的點狀圖案。

➜ P.089　方塊燈具

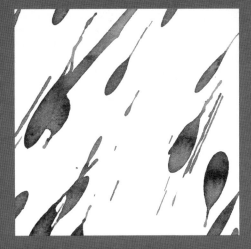

技法 22
滴畫（水滴狀）

畫筆充分沾取墨水，一鼓作氣地揮筆，就能畫出水滴的形狀。由於墨汁會四處飛濺，請先圍住周圍再上色。

技法 23
用排刷作畫

在比較厚的畫紙上用排刷畫出線條。將墨汁磨淺一點，可呈現漂亮的水墨深淺變化。

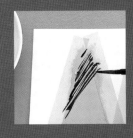

技法 24
用筆畫斜線

用紙膠帶貼出上色範圍，面相筆沾取墨汁，在紙膠帶之間往斜上方畫出線條。墨汁完全乾了之後，慢慢地撕開紙膠帶。

➡ P.037　聖誕卡片

技法 25
軟筆與硬筆表現法

用軟筆和硬筆呈現線條搭配。不僅使用了軟筆，還同時用硬筆作畫，營造西式的氛圍。

➡ P.033　文香
➡ P.097　珪藻土掛畫

技法 26
線圈圖形

繞 3 次的線圈圖形搭配繞 2 次的線圈圖形，呈現兩種圖形的組合。大量的線圈可以呈現有趣的紋路。在有顏色的紙上用白色的筆上色，也能畫出很好的效果。

➡ P.025　改造信封
➡ P.029　原創信紙

技法 27
松針圖案

想像英文手寫體的小寫「t」，畫出松針圖形。畫出大量線條，呈現出有趣的紋路。選用金色、銀色、白色的筆，在有顏色的紙上著色也能畫出很好的效果。

➡ P.025　改造信封
➡ P.029　原創信紙

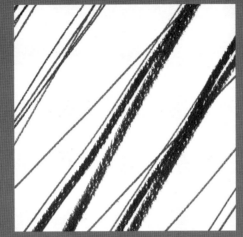

技法 28
交錯的線條圖案

由左下方畫到右上方，用筆拉出交錯的線條，接著使用墨筆，以同樣的方式畫出粗線。作畫訣竅在於細線和粗線要錯開，避免完全重疊。

➡ P.025　改造信封
➡ P.029　原創信紙

技法 29
用裁剪過的紙
設計圖案

將色紙剪成各種形狀並排列組合，做出具有現代感的設計。搭配鉛板之類的異材質，呈現有趣的視覺效果。

➡ P.101　皮革掛軸

技法 30
車縫刺繡

使用縫紉專用的黑線或銀線，隨意車縫出交錯的線條，做出時尚的車縫刺繡圖案。製作重點在於不要想太多，粗略地進行車縫。

➡ P.054　成熟別緻的車縫刺繡胸章

作品介紹

Works introduction

Envelope remake

改造信封

收件人紙型
（寬 85 mm × 高 40 mm）

信紙格線的紙型

工具・材料

- 紙型：與信紙共用（收件人）
  從 P.120 下載或列印
- 尺
- 美工刀
- 切割墊
- 透明膠帶
- 口紅膠
- 信封 3 種
- 油性麥克筆極細（黑）
- 油性麥克筆細字極細（金）
- 油性麥克筆細字極細（白）
- 墨筆極細（黑）
- 衛生紙
- 影印專用紙（墊在尺的下方）
- 色紙（製作信封時墊在底下）
- 收件人棉紙（和紙亦可）

改造信封

Envelope remake

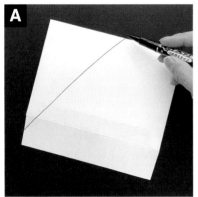

1 製作線條設計的信封。信封蓋放在下面，一口氣從左下往右上拉一條線。如果畫線方向相反的話，畫到折線處時會卡住。

2 隨意地畫出許多交錯的線條。線條間的距離不用太平均，保留空間才能避免畫面過於呆板。

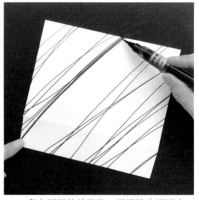

3 畫完細細的線條後，用墨筆由下而上疊加粗線條。

4 粗線不需要跟底下的細線完全重疊，要稍微錯開。

5 接著使用金色油性麥克筆，在信封蓋的邊緣處上色。開始上色前，先在衛生紙上按壓筆尖，確認顏色的出水量。

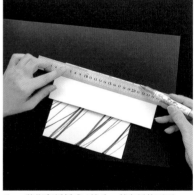

6 將影印紙折成 4 等分，墊在尺的下面，沿著尺畫出金色的線條。這樣可以避免墨水流到尺的下面。

7 依同樣的方式，在信封蓋的側邊畫出金色線條，A 設計完成。

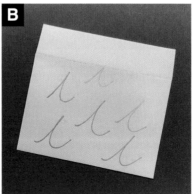

1 接下來將使用金色麥克筆，繪製波浪圖案的信封。繪製線條時，將圖案想像成英文書寫體的小寫「t」。

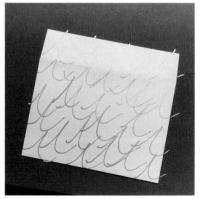

2 畫出重疊的圖案，直到沒有空隙為止，B 設計完成。直接靜置一段時間，等墨水風乾。

為了跟重要的人加深交流，偶爾寫寫信其實也不錯。改造日本百元商店的素色信封，享受寫信的美好時光。信封與 P.029 的信紙是書信套組。使用油性麥克筆前，請先在其他紙上試寫再開始畫圖。

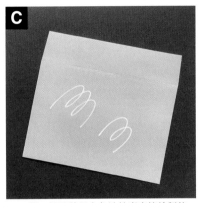

1　第 3 款設計是白色油性麥克筆繪製的信封。依照 A 步驟 5 的作法，先確認麥克筆的出水量，接著由下方開始往上畫出線條。

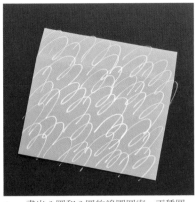

2　畫出 3 圈和 2 圈的線圈圖案，兩種圖案互相搭配，疊加圖案直到沒有空隙為止。

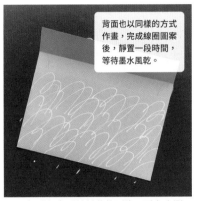

背面也以同樣的方式作畫，完成線圈圖案後，靜置一段時間，等待墨水風乾。

3　為避免畫到信封蓋的區塊，需在中間夾一張影印紙。

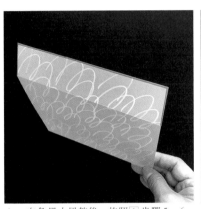

4　白色墨水風乾後，依照 A 步驟 5～6 的作法，在信封邊緣塗上金色線條，C 設計完成。

共用

如果無法準備紙型，請將紙裁成寬 85mm×高 40mm 的長方形。

1　完成 3 款信封後，從 P.120 下載或影印紙型，將棉紙切割下來，做出收件人區塊的外框。

2　3 張棉紙疊在紙型的下方，用透明膠帶固定上下方。先裁剪成容易切割的尺寸。

3　切割 4 張相疊的紙，3 張收件人的棉紙就完成了。

4　收件人的棉紙上塗口紅膠。

5　信封中間貼上收件人區塊的棉紙。其餘兩款信封也貼上棉紙，信封改造完成。

Original stationery paper

原創信紙

工具・材料

- 紙型：與信封共用（橫格線）
  從 P.120 下載或列印
- 尺
- 美工刀
- 切割墊
- 透明膠帶
- 油性麥克筆極細（黑）
- 油性麥克筆細字極細（金）
- 油性麥克筆細字極細（白）
- 墨筆極細（黑）
- 鉛筆
- 衛生紙
- 厚磅描圖紙 A4
- 棉紙 A4（和紙亦可）
- 色紙（製作信封時墊在底下）
- 影印專用紙（墊在尺的下方）

原創信紙

Original stationery paper

共用

如果無法準備紙型，請畫出長約118mm、間隔10mm的線。

1　請至P.120下載或列印信紙橫格線的紙型，並且裁剪下來。

2　分別將A4棉紙（Ａ設計專用）與描圖紙（Ｂ Ｃ設計專用）割成兩半。

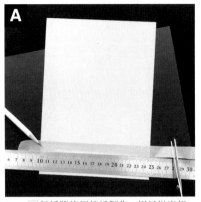

A

1　Ａ信紙將使用棉紙製作。用尺從底部量到3 cm的位置，黏上紙膠帶。

2　將貼有紙膠帶的區塊轉到上面，一口氣從左下方（紙膠帶上方）往右上方畫線。

3　隨意畫出緊密或交錯的線條。間隔距離不要太平均，在線條間保留空間，避免過於呆板。

4　畫完細線之後，用墨筆由下往上疊加粗線。注意不要畫超過紙膠帶。

5　墨水乾了以後，將紙膠帶撕下來。

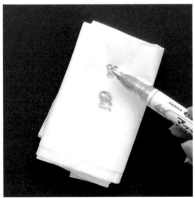

6　用金色油性麥克筆在信紙的邊緣上色。開始上色前，筆尖先在衛生紙上輕壓，確認顏色的出水量。

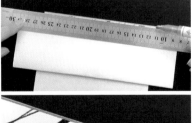

7　將影印紙折成4等分，墊在尺的下面，沿著尺畫出金色的線條。這麼做可以避免墨水流到尺的下面。

使用日本百元商店的描圖紙，做出有透明質感的信紙，信紙與 P.025 的信封是書信套組。書信組的設計可用於各式各樣的場合，比如聊表感謝與祝福之情，或者是問候他人，還能畫在小型信紙或明信片上。請使用紙型的橫格線書寫信件。

8　金色墨水乾了之後，信紙 A 就完成了。信紙與 P.026 的信封 A 是書信套組。請先下載格線紙型並墊在底下，透著紙型書寫信紙。

1　信紙 B 將用描圖紙製作。先確認墨水的出水量，再用金色油性麥克筆畫線。

2　想像英文書寫體的小寫「t」，將圖案畫出來。小心不要超過紙膠帶的範圍，疊加線條，避免留下空隙。

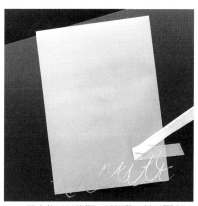

3　墨水乾了以後撕下紙膠帶，信紙 B 製作完成。

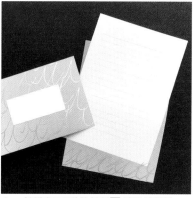

4　信紙和 P.026 的信封 B 是書信套組。請先下載橫格線紙型並墊在底下，透著紙型書寫信紙。

1　信紙 C 也要使用描圖紙。先確認墨水的出水量，再用白色油性麥克筆由下往上畫線。

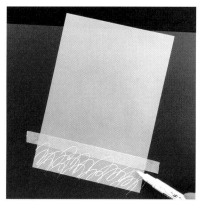

2　畫出 3 圈線圈，接著畫出 2 圈線圈，將兩種圖案搭配在一起。

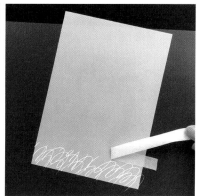

3　疊加兩種圖案，不要留下空隙。墨水風乾後撕下紙膠帶，信紙 C 製作完成。

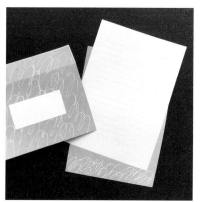

4　信紙和 P.027 的信封 C 是書信套組。此設計也能應用在小型信紙或名信片的製作上。請先下載橫格線紙型，並且襯著格線寫信。

Scented paper

文香

紙型

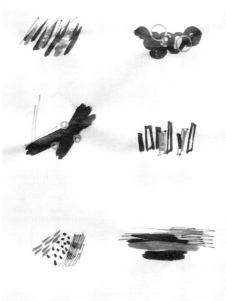
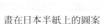

畫在日本半紙上的圖案

文香的成品

工具・材料

・紙型（P.120下載或列印紙型）
・尺
・美工刀
・切割墊
・透明膠帶
・口紅膠
・著色盤 2 個
・面相筆
・墨汁
・壓克力顏料（金屬色）
・墨筆（細・大）
・鉛筆
・喜歡的香水（香氛紙亦可）
・白色毛氈布
・尼龍袋
・日本半紙 2 張

文香

Scented paper

如果無法準備紙型，請畫出6個大小約45mm的圖形。

1　準備2張日本半紙，以及從P.120下載或影印的紙型。

2　紙型有圖案的那面朝下，放在第一張半紙上，用透明膠帶固定。

3　參考下層紙型的線條位置，在圖形上方留白；用面相筆沾取墨汁，在下方繪製圖案。

4　在每一個紙型上畫出不同圖案。透過燈光確認圖形位置以便作畫。

5　用金色壓克力顏料在水墨圖案上添加圖案。

6　也可以使用畫筆以外的工具，在圖案上增加點綴。用圓形的墨筆筆蓋沾取金色壓克力顏料，當作圖章蓋印。

7　充分沾取顏料，在水墨圖案上蓋印。筆蓋的另一端是更小的圓形，也可以當作圖章使用。

8　最後使用墨筆的細字筆頭，在水墨圖案和金色顏料之間的縫隙裡，畫上細細的線條。

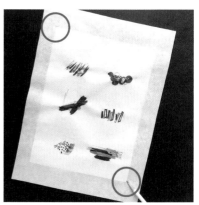

9　畫好圖案後，用鉛筆在紙型的左上方和右下方做記號。

文香是一種小芳香袋，通常會附在日本的信紙或祝賀禮金袋裡。據說平安時代的人會在和紙上焚燒喜歡的香，透過香氣傳達思念之情。現代人也可以在表達送禮與收禮的喜悅之情時，透過手工藝品傳遞暖意與芬芳。要不要試著做看看呢？這裡將以現有的香水或香氛紙為材料，為你介紹製作方法。

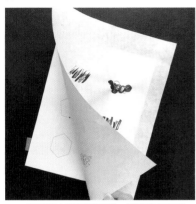

10　在半紙上畫好圖案後，將半紙從紙型上撕下來。

11　將紙型放在有圖案的半紙上，對準鉛筆標記處。用膠帶固定紙型，在最底下疊加另一張半紙。

12　用膠帶固定上下方，避免2張半紙偏移。

13　紙型加上下層半紙，總共有3張紙，用尺沿著紙型的線切割3張紙。

14　用尺測量長度，將白色毛氈布剪成邊長1.5㎜的正方形。

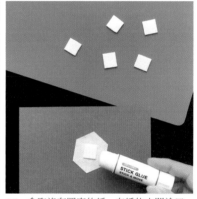

15　拿取沒有圖案的紙，在紙的中間塗口紅膠，將切好的毛氈布黏在紙上。

16　在毛氈布上滴入喜歡的香水，也可以使用噴霧式香水。請選用可維持香氣的香氛物。

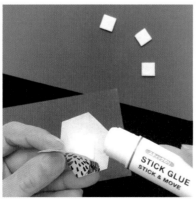

17　香水乾了之後，在毛氈布周圍塗口紅膠，將有圖案的紙黏緊，文香製作完成。

18　還有一種方法是將紙夾在香氛紙之間，讓香味沾附在紙上。步驟15以後，將有圖案的紙貼合，送出信件前需將文香放入尼龍袋保存，以免香氣消失。

Christmas card

聖誕卡片

工具・材料

- 剪刀
- 鑷子
- 紙膠帶
- 銀色紙膠帶（裝飾用）
- 金色紙膠帶（裝飾用）
- 巴爾沙木塊（2 個）：
  蓋印面積 3×25 ㎜（橡皮擦亦可）
- 切割後的牛奶盒厚紙片：25×50 ㎜
- 著色盤（2 個）
- 墨汁
- 壓克力顏料（銀）
- 壓克力顏料（金）
- 面相筆
- 平筆
- 墨筆（細・大）
- 油性麥克筆（銀）
- 壓紋紙 3 張：
  明信片的大小（Watson 水彩紙或厚紙亦可）

聖 誕 卡 片

Christmas card

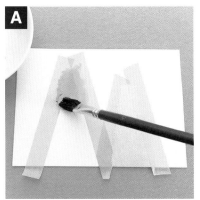

1　在壓紋紙上黏貼紙膠帶，用金色和銀色壓克力顏料畫出兩個三角形。紙膠帶要黏緊，以免顏料流出去。

2　顏料乾了以後，開始繪製銀色的樹，用墨筆（細字）在三角形的中央拉一條線。從中間往兩側的斜上方畫線。

3　用墨汁繪製金色的樹，由下方往斜上方畫出交疊的線。不要用水稀釋墨汁，原液更能畫出漂亮的墨色。

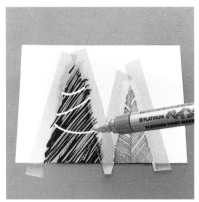

4　墨汁乾了以後，用銀色的油性麥克筆畫出線條和圓點。由下而上將曲線畫出來。

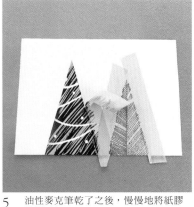

5　油性麥克筆乾了之後，慢慢地將紙膠帶撕下來。

6　用剪刀將銀色的紙膠帶剪成 3 條細細的線，作為聖誕樹的頂部裝飾。

7　用鑷子將剪好的銀色紙膠帶夾起來，貼在裝飾處，A 設計完成。

先寫好「Merry Christmas」，一邊確認畫面平衡，一邊黏貼紙膠帶。

1　用墨筆（細字）寫字，可避免文字破壞聖誕樹的設計感。依照 A 步驟 1 的作法做出 3 個聖誕樹，用墨汁畫出線條。

2　用切割好的牛奶盒紙片沾取墨汁，在最右邊的聖誕樹上蓋章，從中間開始朝斜下方的方向，在左右兩側蓋印圖案。

設計別緻的聖誕卡片，不僅可以跟禮物一起贈送，還能作為季節性的室內裝飾品。接下來將介紹 A 、 B 、 C 3款卡片設計。一邊策劃聖誕節活動，一邊享受製作手工卡片的樂趣吧！

3　墨汁完全乾了以後，慢慢地將紙膠帶撕下來。在左邊的聖誕樹上，用銀色的油性麥克筆添加一些圓點。

4　先將金色紙膠帶剪成細細的形狀，再剪成四方形，並且貼在正中間的銀色聖誕樹上。

5　用鑷子分散黏貼紙膠帶。

6　在右邊聖誕樹的裝飾區塊，貼上兩條細細的銀色紙膠帶，用鑷子將紙膠帶黏成十字形，B 設計完成。

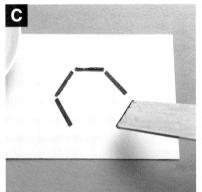

C

1　製作環形圖案的卡片時，先用面相筆在木片前端塗上墨汁，再蓋印出六角形。在明信片上蓋章前，請先在其他紙上試蓋看看。

2　墨汁乾了以後，依照 C 步驟 1 的作法，用金色壓克力顏料蓋印圖案。蓋章時需偏移位置，避免與墨線重疊，做出一個六角形。

3　金色顏料風乾後，用裁切好的牛奶盒前端沾取墨汁，蓋印出細細的線條。蓋章時，要稍微偏移木片圖章的位置。

4　用筆的前端沾取金色顏料，畫出圓點裝飾。

5　金色顏料風乾後，用銀色油性麥克筆的前端畫出有點偏移的圓點，C 設計完成。

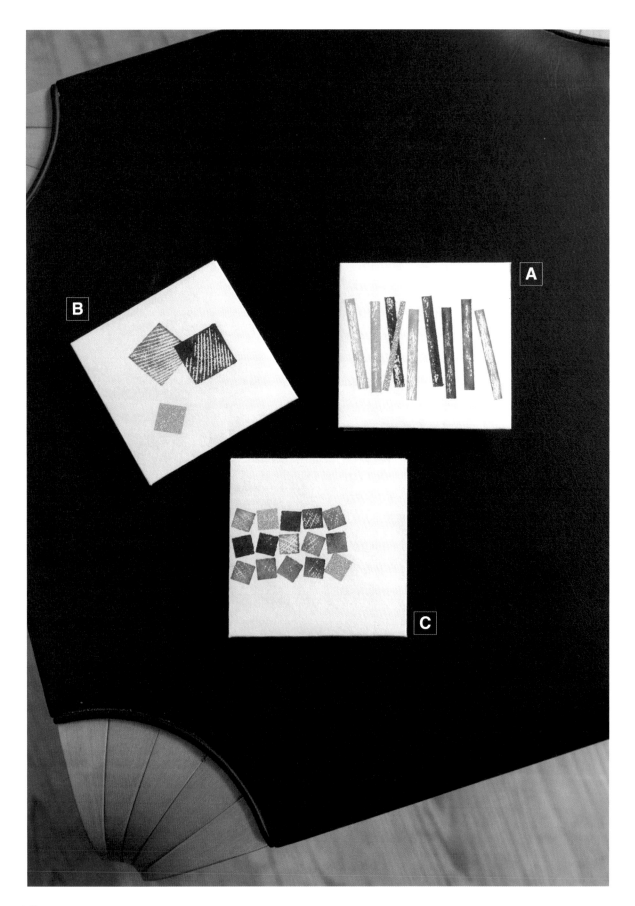

Petit envelope

日式紅包袋

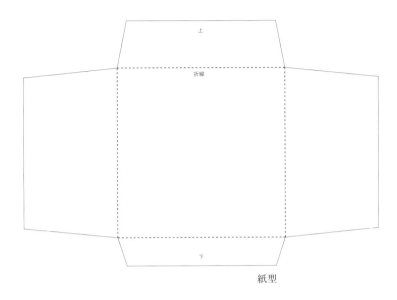

上

折線

下

紙型

工具・材料

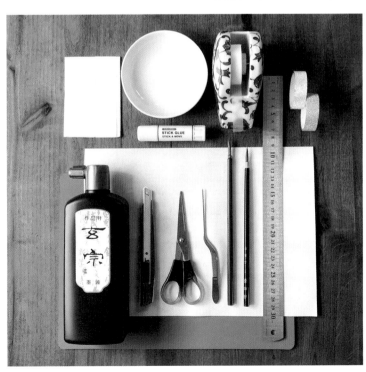

- 紙型:
  (從 P.120 下載或列印紙型)
- 尺
- 美工刀
- 切割墊
- 透明膠帶
- 鑷子
- 口紅膠
- 巴爾沙木塊
  (參考尺寸:10 mm ×10 mm、25 mm ×25 mm、
  5 mm × 50 mm)
- 紙膠帶(金)
- 紙膠帶(銀)
- 著色盤(2 個)
- 墨汁
- 面相筆 2 支
- 衛生紙
- 版畫專用和紙 A4 ／ 3 張
  (白色色紙亦可)

日式紅包袋

Petit envelope

1　從 P.121 下載或列印紅包袋的紙型，將「紅包袋的紙型」疊放在 3 張和紙上面（總共 4 張），用膠帶固定上下方。

2　沿著紙型的線條切割。如果無法準備紙型，請畫一個 90 mm ×90 mm 的正方形折線範圍，並在上下左右畫出高度 50 mm 及 25 mm 的梯形。

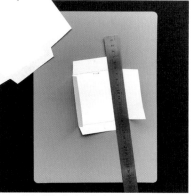

3　將切割好的「紅包袋的紙型」與和紙疊在一起，用尺沿著紙型的虛線折出折痕。

4　事先切割金色和銀色的紙膠帶（ A 金色 50 mm ×3 mm、 B 銀色 15 mm ×15 mm、 C 金色 11 mm ×11 mm）。

5　準備兩種墨汁，一種是原液的深色墨，一種是用水稀釋的淺色墨。

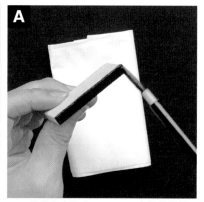

1　用筆在木片（50 mm ×5 mm）的邊緣塗上墨汁。準備兩支筆，一支用來沾深色墨，一支用來沾淺色墨。

2　在紙上蓋印圖案前，先將塗好墨汁的木片放在衛生紙上輕壓，去除多餘的墨汁。

3　用力將木片壓在和紙上，蓋印出明顯的邊角。木片的兩端分別沾取深墨和淺墨。

4　改變圖案的高度，避免深墨和淺墨的圖案太平均，隨機蓋印以呈現變化感。

日式紅包袋可以跟禮物一起贈送，也能用來裝小費或車馬費。一起動手做看看吧！溫馨簡約的設計，適合用於任何場合。重點在於分別使用墨汁原液（深色墨），以及用水稀釋的淺色墨。此外，還要用金色和銀色紙膠帶加以點綴。

5 墨汁乾了之後，依照木片的長度裁剪金色紙膠帶（50㎜×3㎜），用鑷子將紙膠帶黏在喜歡的位置上，A設計完成。

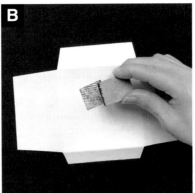

1 用筆將淺色墨塗在正方形（25㎜×25㎜）木片上，依照A步驟1～2的作法蓋印圖案。利用木紋營造溫暖的氛圍。

2 用正方形木片沾取深色墨並蓋印圖案，稍微跟前一個正方形的角重疊。

3 將銀色紙膠帶剪下來（15㎜×15㎜），貼在離兩個正方形遠一點的地方。B設計完成。

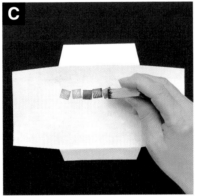

1 在正方形（10㎜×10㎜）木片上，用筆塗上墨汁；依照A步驟1～2的作法蓋印圖案。將淺墨和深墨排列在一起。

2 蓋出有點傾斜的圖案，製造動態感。

3 裁剪2張比木片大一點的金色紙膠帶（11㎜×11㎜），將紙膠帶黏在水墨圖案上面，C設計完成。

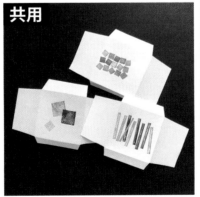

共用

1 在每張和紙上蓋章，並且黏貼金色和銀色紙膠帶。只要用木片蓋印圖案，就能做出跟市售款式不一樣的時尚日式紅包袋。

2 最後在兩側塗上口紅膠，往中間重疊貼合，接著黏貼底部的口袋蓋，日式紅包袋製作完成。

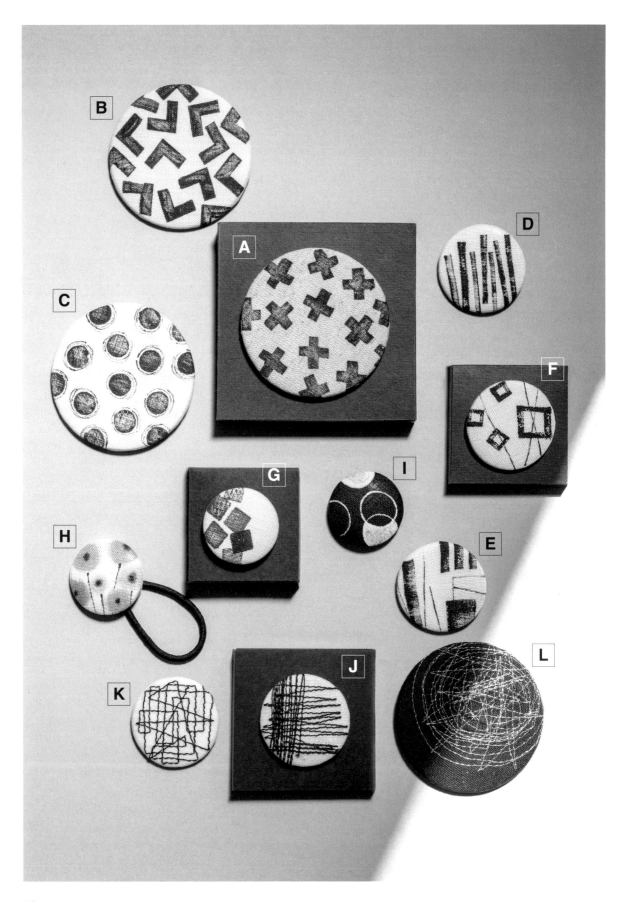

Brooch and covered buttons

改造胸章與布包鈕扣

有趣小圖案的大胸章

工具・材料

- 橡皮擦印章專用紙型
  （從 P.121下載或列印）
- 尺
- 美工刀
- 切割墊
- 透明膠帶
- 剪刀
- 著色盤
- 布料專用墨水（黑）
- 面相筆
- 鉛筆
- 2B 鉛筆（橡皮擦印章專用）
- 金屬胸章材料（74 mm）
- 橡皮擦印章
- 影印紙 1 張（標記用途）
- 亞麻布（A 米色、B 原色、C 白色／棉布與麻布亦可）

紙型

幾何圖形個性亞麻布胸章

工具・材料

- 圖章專用紙型
  （從 P.121下載或列印）
- 尺
- 美工刀
- 切割墊
- 透明膠帶
- 剪刀
- 著色盤
- 布料專用墨水（黑）
- 面相筆
- 鉛筆
- 金屬胸章材料（44 mm）
- 牛奶盒（圖章用途）
- 亞麻布（D E F 原色／棉布或麻布亦可）

紙型

用布包鈕扣製作磁鐵與髮圈

工具・材料

- 剪刀
- 砂紙（#360）
- 牙籤
- 巴爾沙木塊（參考尺寸：10×10 mm）
- 圓形塑膠蓋（例：約 15 mm的膠水或文具瓶蓋）
- 著色盤（4 個）
- 布料專用墨水（黑）
- 布料專用墨水（白）
- 面相筆
- 鉛筆
- 布包鈕扣　附製作材料（38 mm）
- 衛生紙
- 亞麻布（G 原色、H 白色、I 黑色／棉布或麻布亦可）

成熟別緻的車縫刺繡胸章

工具・材料

- 縫紉機
- 縫紉線（J K 牛仔布專用黑線／L 銀線）
- 熨斗
- 剪刀
- 線頭剪刀
- 鉛筆
- 影印紙 1 張（紙襯用途）
- 金屬胸章材料（J K 44 mm／L 74 mm）
- 亞麻布（J 白色、K 原色、L 黑色／棉布或麻布亦可）

有趣小圖案的大胸章

Large brooch with fun small motif patterns

1　從 P.121 下載或影印橡皮擦印章的紙型，沿著外框裁剪紙型。將紙型翻面，用鉛筆塗滿整個背面。

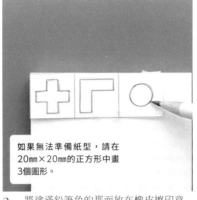

如果無法準備紙型，請在 20mm×20mm 的正方形中畫 3 個圖形。

2　將塗滿鉛筆色的那面放在橡皮擦印章上，用膠帶固定起來。用鉛筆描出邊界線、十字圖案、L型圖案及圓形圖案，將圖案轉印在橡皮擦印章上。

3　鉛筆描線轉印在橡皮擦印章上，接著切開邊界線，將十字、L型及圓形圖案分開。

4　沿著鉛筆線將十字圖案割下來。手指壓住刀背並加重力道，切起來會比較容易。

5　一樣將 L型圖案割下來，接著慢慢地裁切圓形的周圍，割出一個圓形。稍微歪斜的圖案可以做出更有韻味的成品。

將 3 片布料相疊並一次裁剪也 OK。

6　金屬胸章配件組有附底紙，沿著底紙的裁切線裁剪，將底紙放在布料上，用鉛筆畫出輔助線，裁剪 3 片布料。

7　製作輔助模板，用於確認圖案的成品。在影印紙中央放上金屬胸章，用鉛筆做記號，並將中間挖空。

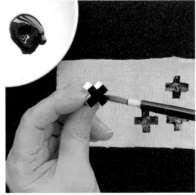

8　在印章上用面相筆塗上布料專用墨。開始蓋章前，先在多餘的布料上試蓋看看，確認墨的深淺度。

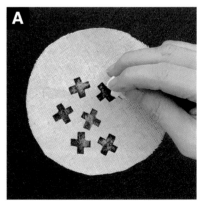

1　A 設計使用的是米色布料。蓋印十字型印章時，要仔細地塗滿邊角，不能遺漏任何一角，並且用力蓋印圖案。

使用日本百元商店的金屬胸章材料和橡皮擦印章，做出具有成熟設計的胸章。切割橡皮擦印章，在3種顏色的亞麻布上隨意蓋印，就能輕鬆完成。一起用大型胸章搭配簡約的單色圖案，體驗手作的樂趣吧！

2　將挖空金屬胸章形狀的紙當作輔助模板，確認成品的呈現。將圖章蓋出輔助模板的範圍，成品看起來會更協調。

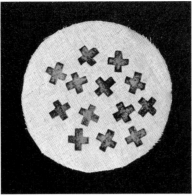

3　在整體畫面中蓋印出有協調感的圖案，A設計完成。

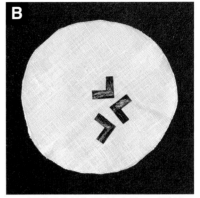

B

1　B設計使用的是原色布料。L型印章的作法也一樣，用筆在每個角落仔細填滿墨水，並且用力蓋印圖案。

2　蓋印出各種方向的圖案。使用影印紙輔助模板，確認L型設計的整體呈現，將印章蓋出紙張空洞的範圍。

3　在整體畫面中擺出協調的圖案，B設計完成。

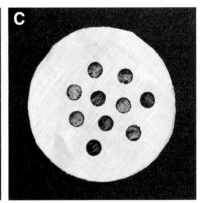

C

1　C設計使用的是白色布料。之後會在圓形的周圍添加線條，因此需要保留一點空間，將圖章蓋到超出輔助模板的範圍為止。

2　蓋好圓形圖案後，用牙籤的前端沾取墨汁，在圓形周圍加上2～3條線。

3　這樣C就設計完成了。請試著活用不同技巧，挑戰各式各樣的圖形。

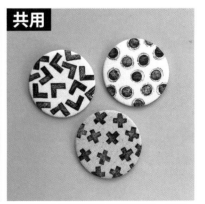

共用

1　使用金屬胸章配件組製作胸章。胸章的作法請參見P.057。

幾何圖形個性亞麻布胸章

Cool linen brooch with geometric pattern

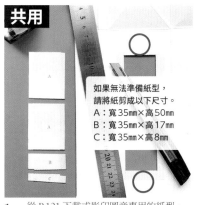

共用

如果無法準備紙型，
請將紙剪成以下尺寸。
A：寬35mm×高50mm
B：寬35mm×高17mm
C：寬35mm×高8mm

1　從 P.121 下載或影印圖章專用的紙型。將紙型放在牛奶盒上，用膠帶固定上下方，沿著紙型裁切。

2　拿出金屬胸章配件組的底紙，沿著虛線裁剪紙型，將底紙放在布料上面，用鉛筆畫上輔助線，裁剪出3片布料。

3　在圓形布料中間放上金屬胸章，用鉛筆在4個地方畫上淡淡的記號。在3塊布料中做出同樣的記號。

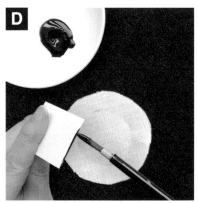

D

1　依照紙型A的尺寸將牛奶盒裁剪下來，用筆在牛奶盒的短邊（以下簡稱「紙型A的短邊」）塗上布料專用墨。

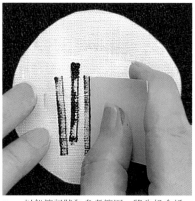

2　以鉛筆記號為參考範圍，將牛奶盒紙片橫向滑動約3mm，蓋印出線條。

3　深色線條搭配留白線條，做出上下高度位置的變化，蓋印7條線。 D 設計完成。

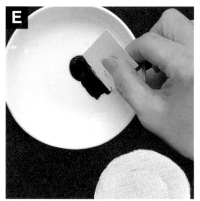

E

1　接下來要呈現 E 設計的粗線。直接用紙型A的短邊邊緣沾取著色盤裡的墨汁。

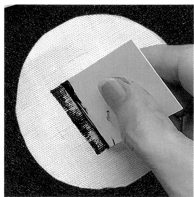

2　以鉛筆記號為參考範圍，橫向滑動紙片，蓋出粗線。

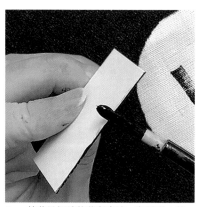

3　接著是細線的蓋印方法。在紙型A的長邊邊緣用筆塗上布料專用墨。

用布料專用墨汁製作幾何圖形設計的個性化胸章。這是只有天然纖維才能呈現的質感。風格簡約卻很有存在感，可以別在披肩或包包上，當作成熟時尚的單點裝飾品。胸章的作法請參見 P.057。

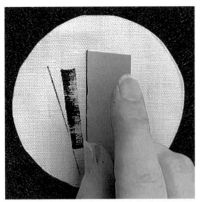

4　輕輕蓋在布料上，壓出細細的斜線，小心不要跟粗線重疊。再蓋印一條細細的斜線，左右兩側的細線將粗線夾在中間。

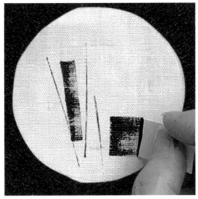

5　接著用紙型 A 的短邊蓋印短斜線；紙型 B 的短邊沾取著色盤中的布料墨汁，橫向滑動紙片，畫出一個四邊形。

6　在四邊形的上方，用紙型 B 的短邊蓋印 3 條細線。

7　將紙型 B 的短邊放在右上方滑動，做出 3 條寬度約 3 mm 的線條。E 設計完成。

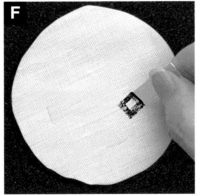

1　F 設計的作法，是滑動紙型 C 的短邊，畫出四邊形。

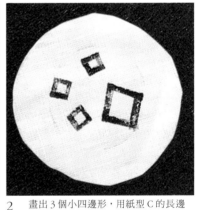

2　畫出 3 個小四邊形，用紙型 C 的長邊畫出一個大四邊形。

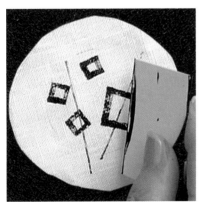

3　最後，在紙型 A 的長邊邊緣處，用筆塗上墨汁，蓋印 3 條細線。

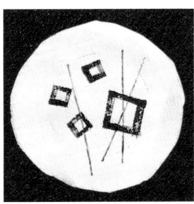

4　這樣 F 設計就完成了。請多加活用蓋印的技法，嘗試挑戰各種圖案吧！

共用

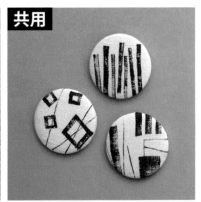

1　用金屬胸章配件組製作的胸章。製作方法請見 P.057。

用布包鈕扣製作磁鐵與髮圈

Magnets and hair bands made with covered buttons

共用

1　將布包鈕扣配件組附的底紙放在布料上，用鉛筆描出輪廓，並且裁剪原色、白色、黑色布料。

2　在圓形布料中央放上布包鈕扣，用鉛筆在 4 個地方畫出淡淡的記號，在 3 張布上畫出同樣的記號。

3　準備兩種布料墨汁，分別是使用原液的深色墨，以及用水稀釋的淺色墨。G 設計使用的是原色的布料。

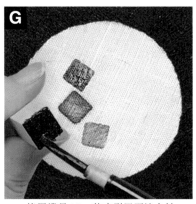

G

1　使用邊長 10 mm 的方形巴爾沙木材，用筆在木塊上塗墨汁。在布料上蓋章前，先在衛生紙上壓一壓，去除多餘的墨汁後再開始蓋印。

2　將圖案蓋超過圓形的鉛筆記號，成品看起來會更有協調感。交錯蓋印深色墨和淺色墨，G 設計完成。

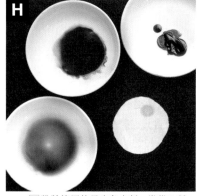

H

1　H 設計使用的是白色布料。準備 3 種布料專用墨，分別是淺色墨、中色墨、深色墨。在多餘的布料上試畫看看，確認墨水的深淺度。

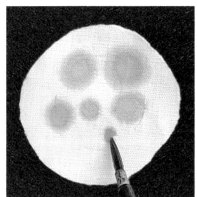

2　畫出不同大小的圓形，避免圓形重疊在一起。

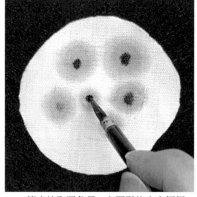

3　筆尖沾取深色墨，在圓形的中央輕輕地繪製花蕊。墨水乾了以後，為了增加圓形的顏色變化，需在上面疊加中色墨。

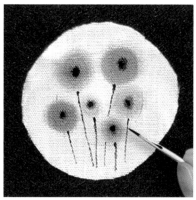

4　最後用牙籤沾取深色墨，仔細地描繪莖部，H 設計完成。

改造布包鈕扣，製作單色調磁鐵和髮圈。運用 3 種顏色的亞麻布營造柔和氛圍，製造自然風格時尚及室內裝潢的亮點。布包鈕扣的作法請見 P.056。

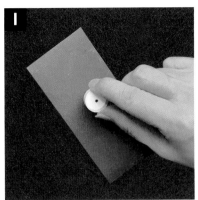

1　使用塑膠材料（例：約 15 mm的膠水或文具瓶蓋）作為圓形圖章，在砂紙上輕輕地摩擦 10 秒，讓墨汁更容易沾附在瓶蓋上。

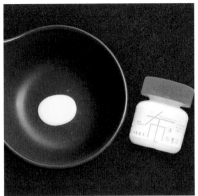

2　I 設計使用的是黑色布料。在白色布料專用墨汁（以下簡稱「白墨」）中加入 2～3 滴水，稍微稀釋墨汁。

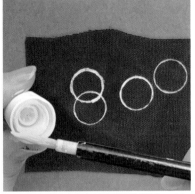

3　筆尖沾取白墨並塗在塑膠材料上，在多餘的布料上試壓看看，確認白墨的深淺度。

4　在圓形黑色布料上蓋印圖案，蓋到超過鉛筆記號的範圍。

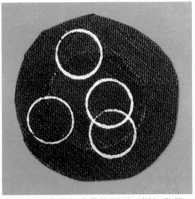

5　在一處蓋印重疊的圓形，增加動態感。請根據瓶蓋（塑膠材料）的尺寸調整圓形的數量，建議蓋印 4 個圓形。

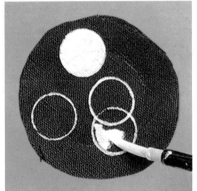

6　在兩個圓形的內部塗上白色。其中一個要塗在重疊的圓形中。

7　在塗滿白墨的地方用衛生紙輕輕壓一壓，讓顏色更均勻，並且增加紋路。

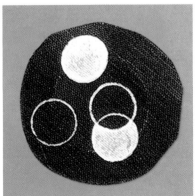

8　這樣 I 就設計完成了。

共用

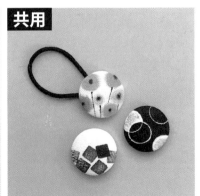

1　用布包鈕扣配件組製作的磁鐵和髮圈。製作方法請見 P.056。

成熟別緻的車縫刺繡胸章

Mature and chic sewing machine embroidery brooch

共用

1　利用金屬胸章配件組附的底紙裁剪紙型，將紙型放在布料上，用鉛筆描出輪廓線。白色及原色布料用於 44 mm的金屬胸章，黑色布料則用於 74 mm的金屬胸章。

2　在圓形布料中間放上金屬胸章，分別在 3 張布料上，用鉛筆畫出 4 個淺淺的記號。Ｊ設計將使用白色布料。

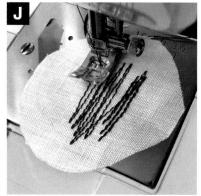

J

1　在縫紉機上安裝牛仔布專用的黑線，將布料外圍往背面折的區塊留白，接著來回移動縫紉機，在中間區塊慢慢地縫出不規則圖案。

2　車完單一方向之後，轉動布料的方向，縫出交錯重疊的圖案。縫線的距離不要太平均，粗略地車縫下去。

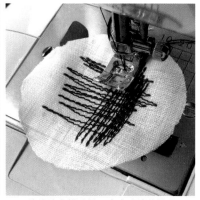

3　讓縫線交錯重疊，車完半邊後停止。來回車縫時增加車線的交疊量，讓車縫區塊變得更黑，加強層次變化感。

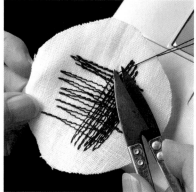

4　設計完成後，用剪刀剪斷線頭。

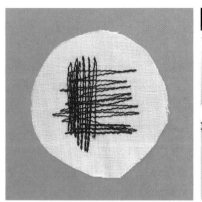

5　Ｊ設計完成。

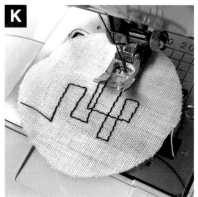

K

1　Ｋ設計（44 mm）使用的是原色布料。選用跟 Ｊ相同的黑線，將外圍往後折的區塊留白，改變直角的方向並繼續車縫。

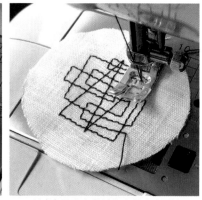

2　以直角移動布料並集中於中央區塊，縫出交疊的四邊形，接著在四邊形上方疊加三角形或直線。

在亞麻布上車縫刺繡，製作成熟雅緻的胸章。使用牛仔布專用的黑色車線，做出既簡約又有存在感的設計。大尺寸的黑色亞麻布搭配使用銀色縫紉線。不妨以放鬆的心情挑戰看看，短時間內就能完成喔！

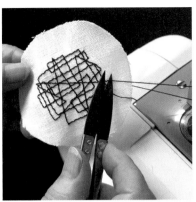

3　將圖案縫到跟照片差不多的程度後，用剪刀剪掉線頭。

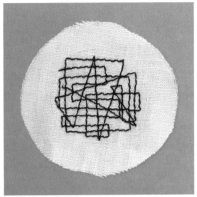

4　K設計完成。

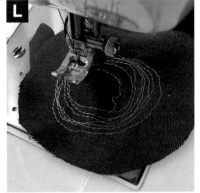

1　L設計（74mm）將使用黑色布料及銀色車線。銀線很容易勾到，需要一邊拉住布料，一邊慢慢地車縫。

2　在離中間稍遠的地方繞7～8圈並縫出圓形，接著隨意地加上斜線。

3　重複車縫圓形和直線，將銀線車縫到照片中的分量為止。這時布料會有點浮起，之後再使用熨斗燙平。

4　設計完成後，用剪刀剪掉線頭。

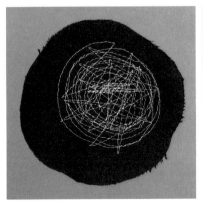

5　L設計完成。

1　完成3款布料圖案後，放上一張紙襯，用熨斗整燙。熨斗可以修整線條凸起的地方。

2　用金屬胸章配件組製作的胸章。製作方法請見 P.057。

如何使用配件組製作布包鈕扣

How to make a covered buttons using a production kit

以布料專用墨汁設計布料圖案，再使用日本百元商店的配件組，輕鬆製作布包鈕扣。除了直接當作鈕扣使用之外，還可以改造成髮圈或磁鐵，玩出更多花樣。小尺寸的鈕扣還能做成耳針式或耳夾式耳環。

工具・材料

・布包鈕扣配件組（38 mm）
・髮圈（無銜接線的款式）
・錘子
・切割墊
・鉗子
・有雙面膠的磁鐵

1　準備布包鈕扣配件組。將有圖案的圓形布料（P.052）正面朝下，放在配件組的按壓模具底座上，從背面確認圖案的位置。

2　將上層配件放在布料上。將多餘的布料往中間折，用力往中間集中擠壓，避免表面出現皺褶或凸起。

3　將下層配件放在往內折的布料上，將按壓工具用力壓進去。力道不均會造成鈕扣歪斜，因此需要垂直施力。

4　確實組裝上層配件和下層配件，壓住配件直到發出喀嚓聲。將鈕扣從按壓模具中取出來，布包鈕扣就完成了。

5　製作髮圈時，將橡皮筋穿過鈕扣的孔，左圈穿過右圈。將髮圈拉緊，布包鈕扣髮圈製作完成。

6　製作磁鐵時，用鉗子拔除鈕扣下層配件的孔。稍微施加力道，慢慢地拔下來。

7　拔掉扣子的孔後，用錘子敲平凹凸不平的底座，將有雙面膠的磁鐵黏在中間，布包鈕扣磁鐵製作完成。

8　用布包鈕扣製作的髮圈和磁鐵成品。

如何使用金屬胸章配件組製作胸章

How to make a broochs using a can badge kit

完成布料的設計後，一起用日本百元商店的配件組製作胸章吧！手作風格的胸章很吸睛，請試著用來點綴單色調洋裝，固定圍巾或披肩，或者是別在帽子或包包上，營造時尚氛圍。

工具‧材料

‧金屬胸章配件組（44 mm、74 mm）
‧黏著劑

1　準備金屬胸章配件組和黏著劑。範例使用 44 mm的配件組來製作胸章。

2　準備畫好圖案的圓形布料（P.048、P.050、P.054），布料正面朝下，將上層配件翻到背面並放在布料上，在布料內折的區域塗上黏著劑。

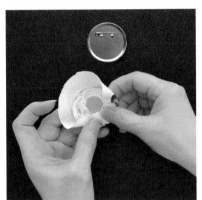

3　將配件外圍的布料折入正中間，為避免表面出現皺褶或凸起，需慢慢地折出皺褶。

4　折好皺褶後，壓緊邊緣並黏合布料。檢查表面是否有皺褶和凸起，進行微調。

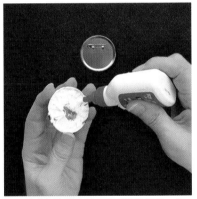

5　在上層配件中折出整齊的皺褶後，在皺褶邊緣塗一圈黏著劑。

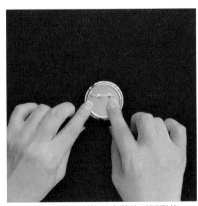

6　在塗了黏著劑的地方黏貼下層配件，並且用力貼合。

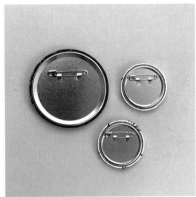

7　即使是不同大小的胸章，作法都一樣。在上層配件塗黏著劑時，黏膠要塗到中央區塊，這麼做能避免布料浮起，做出漂亮的胸章。

8　黏著劑乾了以後，金屬胸章配件組的胸章就製作完成了。

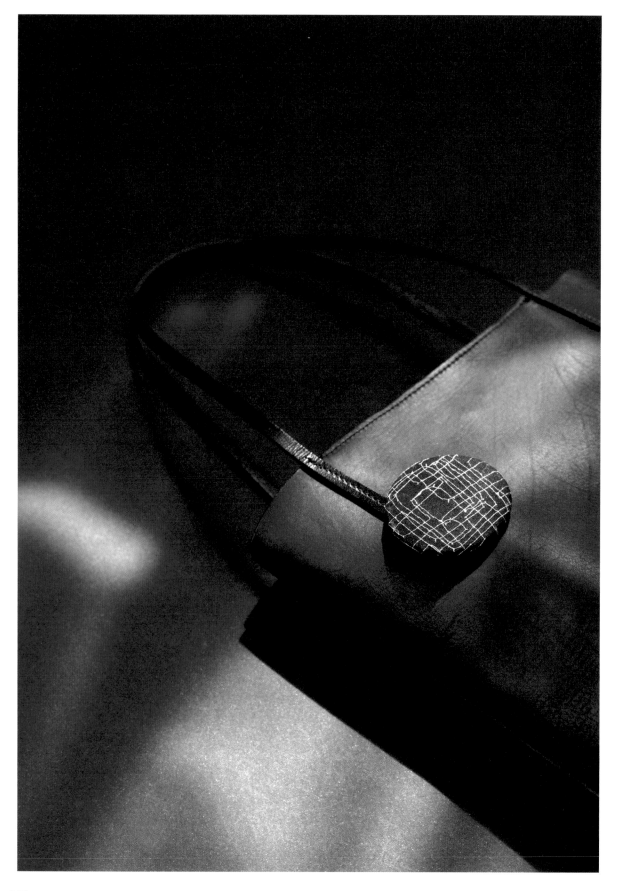

Original tote bag

原創托特包

A
A
A
B

牛奶盒圖章紙型
A：寬 55 ㎜ × 高 30 ㎜
B：寬 55 ㎜ × 高 15 ㎜

工具・材料

- 紙型（從 P.122 下載或影印）
- 熨斗
- 尺
- 美工刀
- 切割墊
- 剪刀
- 牛奶盒
- 透明膠帶
- 紙膠帶（1.5 ㎜、5 ㎜）
- 影印紙 1 張（紙襯用途，避免印到背面）
- 著色盤 2 個
- 布料專用墨汁（白）
- 布料專用墨汁（黑）
- 壓克力顏料（金）
- 平筆：搭配使用布料專用墨（板刷亦可）
- 面相筆：修飾用途
- 衛生紙
- 托特包

原創托特包

Original tote bag

1　從 P.122 下載或影印圖章專用的紙型，將紙型放在牛奶盒上，用膠帶固定上下方。

2　沿著紙型切割牛奶盒。如果無法準備牛奶盒，請以 A：寬 55 mm × 高 30 mm、B：寬 55 mm × 高 15 mm 的尺寸切割牛奶盒。

3　為了讓墨汁更容易沾附，先在托特包上放一張影印紙，用熨斗壓平。

4　在托特包裡面墊一張影印紙，避免墨汁印到背面。

5　仔細貼好紙膠帶，避免膠帶凸起（參考位置：左右 100 mm、上下 50 mm）。貼兩層膠帶，防止墨水往外流出去。

6　將白色的布料專用墨（以下簡稱白墨）倒入著色盤，用平筆在紙膠帶內側塗上白色。小心避免墨水塗到膠帶外面。

7　均勻地塗上兩次墨水，繼續貼著紙膠帶，等待墨水完全風乾。先塗白墨可以讓後續上色的黑墨更明顯。

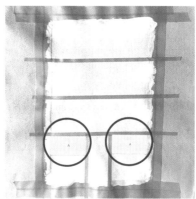

8　直向分成 4 等分，橫向黏貼 3 條細細的紙膠帶（約 5 mm），將畫面分割。最下層以紙型「A」為基準分成 3 區塊，中間區塊較狹窄。

9　將黑色布料墨水倒入著色盤，選擇「A」紙型尺寸的牛奶盒，用長邊的邊緣沾取墨汁，壓在布料上橫向滑動。

在簡約的托特包上添加圖樣設計，製作時尚的原創包。在有厚度的 T 恤上作畫也能增加衣服的亮點。在小地方添加金色並疊在深色黑墨上面，使顏色更加顯眼。

10 蓋印細線之前，先用衛生紙輕輕地去除多餘的墨汁。

11 用紙型沾取墨汁，只滑動紙型的上半部或下半部，就能蓋印三角形。顏色不均的圖案也別有一番風味。

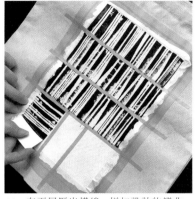

12 在下層壓出橫線，增加設計的變化感。不一定要完全依照範例製作圖案，不需要過度要求細節，自由創作即可。

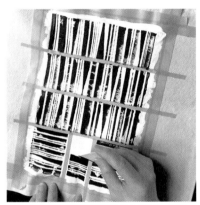

13 最後在下層中間的細長分隔中，使用「A」紙型尺寸的牛奶盒紙片，用短邊的邊緣蓋印圖案。

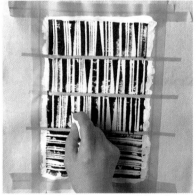

14 用牛奶盒紙片沾取墨汁，修飾墨色不均的地方。

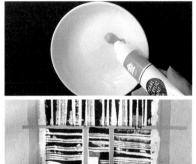

15 墨線繪製完成。依照「B」紙型切割牛奶盒，在 3 處黑墨的上方，塗上小範圍的金色壓克力顏料。

16 如果黑墨和金色壓克力顏料有塗出去的地方，可以用白墨加以修飾。

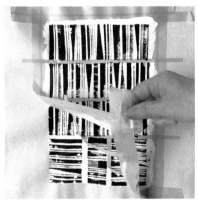

17 顏料乾了之後，將紙膠帶撕下來。即使白墨超出膠帶範圍，也能呈現獨特韻味。

18 大功告成。時尚設計托特包完成了。

Original black tote bag
原創黑色托特包

工具‧材料

- 尺
- 美工刀
- 切割墊
- 刺繡線
- 縫紉針
- 衛生紙紙筒芯
- 牛奶盒
- 鉛筆
- 著色盤 2 個
- 壓克力顏料（黑）
- 布料織品媒劑
- 面相筆
- 油性麥克筆（銀）
- 衛生紙
- 皮革餘料（白：合成皮亦可）
- 黑色托特包

原創黑色托特包

Original black tote bag

1 在黑色托特包上放一張白色皮革餘料，決定皮革縫在背包上的大致尺寸。

2 切割 15 mm×40 mm的牛奶盒紙片，作為圖章使用。皮革餘料的裁切尺寸，需比預設的成品尺寸大一點。

3 在黑色壓克力顏料中滴入 1～2 滴布料織品媒劑，仔細混合均勻。太多布料織品媒劑會造成顏色變模糊，請多加注意。

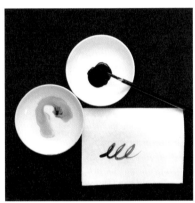

4 用面相筆沾水，慢慢混入壓克力顏料，將顏料稀釋。試寫看看，寫起來平順就沒問題了。

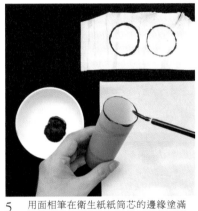

5 用面相筆在衛生紙紙筒芯的邊緣塗滿顏料。開始蓋印前，先在多餘的皮革上試蓋，確認顏料的深淺度。

6 拿出裁切後的四邊形皮革，在上半部的中央區塊蓋印 2 個圓形。紙筒芯垂直向下，慢慢地蓋印圖案。

7 用衛生紙擦掉一些顏料就能蓋出細線。顏料有點不均勻也能作為一種點綴。

8 畫好 2 個圓形後，下方再蓋印 2 個圓形，做出 4 個圓。讓圓形的某些地方交疊，或是蓋印出有點歪斜的橢圓形，藉此增加變化感。

9 繼續在右邊蓋印 2 個圓，做出 6 個圓。請隨心所欲地蓋印圖案，讓圓形時而交疊時而分開。

在黑色托特包上縫一塊有圖案的白色皮革，讓包包變成藝術單品吧！吸睛的圖案設計是簡約搭配中的一大亮點。圖案之間有部分重疊沒問題喔！

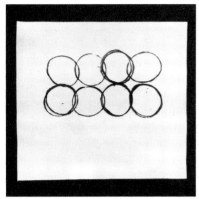

10　最後在左邊蓋印 2 個圓形，總共做出 8 個圓。各式各樣的圓形蓋印完成。

11　在上排右邊的圓形內部添加材質感。用面相筆沾取顏料，在圓形中間以筆尖點壓，線條之間需保留空隙。

12　選擇上排左邊第 2 個圓形，在距離外圍 5 mm 的內側畫一個更小的圓，並且塗滿黑色。

13　使用裁切後的牛奶盒紙片，用面相筆在短邊的邊緣塗上顏料。

14　選擇下排左邊的圓形，在圓形上半部蓋印圖案，接著稍微往下移，也在圓形下半部蓋印，縫隙的地方也要蓋印。

15　用銀色油性麥克筆在右下方的圓形內部畫一個小圓形。完成皮革的部分後，接下來要將皮革貼在托特包上。

16　將皮革放在托特包上確認大小，切除多餘的部分。

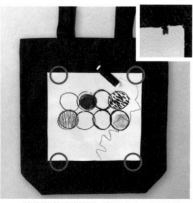

17　將皮革放在托特包的正中央，用黑色繡線將四角縫合固定。

18　原創黑色托特包製作完成。將圖案畫在 T 恤上應該也很好看喔！

Arrangement of white shirt

改造白襯衫

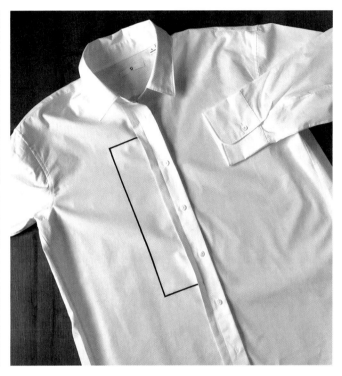

工具・材料

- 熨斗
- 尺
- 美工刀
- 切割墊
- 剪刀
- 色紙（黑）2 張（標記用途、熨斗的襯紙）
- 影印紙 1 張（熨斗的襯紙）
- 紙膠帶
- 著色盤
- 壓克力顏料（黑）
- 布料織品媒劑
- 畫筆
- 海綿拓印棒
- 衛生紙
- 白襯衫（新襯衫需事先清洗殘膠）

改造白色襯衫

Arrangement of white shirt

1　色紙是黏貼紙膠帶時的輔助模板，先將色紙裁剪成 75 mm×300 mm。選用黑色這種明顯的紙，黏貼起來更方便。

2　用熨斗整燙襯衫，在衣領下方 70 mm 的地方放上色紙作為輔助。先在色紙背面貼好膠帶比較不會移位。

3　沿著色紙黏貼紙膠帶。

4　依照色紙和尺的位置仔細地黏貼，將邊角貼成直角才能做出俐落的圖案。

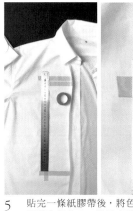

5　貼完一條紙膠帶後，將色紙移開，在距離內側約 2 mm 的地方貼上第 2 條紙膠帶。

6　在內側的邊角黏貼紙膠帶時，用尺將膠帶割成直角。

7　為了在底下做出明顯的邊角，用尺將下方邊角的紙膠帶割成直角。

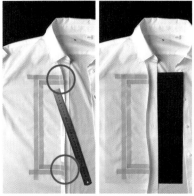

8　貼完 2 條紙膠帶後，為避免顏料沾到襯衫的門襟，門襟上也要黏貼紙膠帶。將色紙墊在後面，以免襯衫染色。

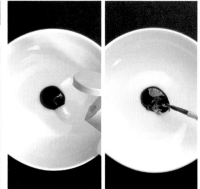

9　在壓克力顏料中加入 2 滴布料織品媒劑，並且仔細地混合。布料織品媒劑太多會造成黑色變模糊，請多加留意。

選用快時尚的素面襯衫，加入一些小巧思就能做出屬於自己的原創襯衫。簡約的設計風格，男女都能駕馭。重點在於仔細地處理角落，並且細心地拍打顏料。

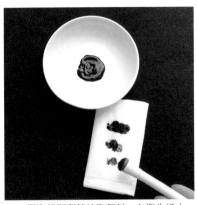

10 用海綿拓印棒沾取顏料，在衛生紙上去除多餘的顏料，如照片所示。如果顏料太多，會造成顏料流出上色範圍。

11 在 2 mm 寬的線條上塗顏料。用海綿棒反覆在布料上敲打，慢慢地加深顏色。

12 特別是角落的部分，需要仔細地拍打顏料。

13 最後完成上色後，確認是否有顏色太淺的地方。如果顏色太淺，則用力將顏料塗在布料上。

14 畫好之後，繼續貼著紙膠帶，靜置 30 分鐘直到顏料風乾。

15 顏料確實風乾後，慢慢地撕下紙膠帶。

16 撕下紙膠帶之後，就能看見明顯的線條設計。

17 為了讓線條保持固定並避免布料染色，最後分別在線條表面和背面墊一張影印紙，以熨斗的低溫乾燙模式整燙。

18 如此一來，一件設計簡約的時尚襯衫就製作完成了。

Decorative plate

彩繪盤

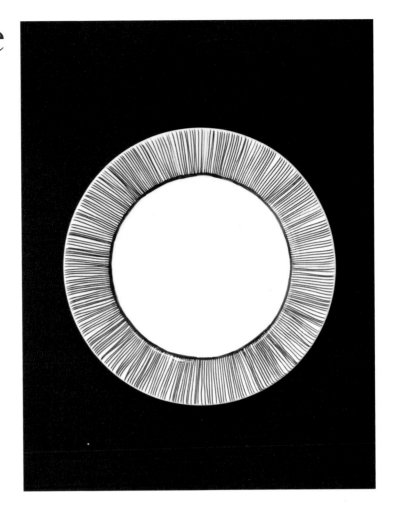

工具・材料

- 烤箱或烤麵包機
- 可放入烤箱的盤子（白）／圓盤
- 紙膠帶 寬度 5 mm
- 食器麥克筆（黑）
- 濕紙巾

彩繪盤

Decorative plate

1　以水清洗盤子的髒污、灰塵和油垢，並且仔細擦乾淨。有擦護手霜的人，請先將手洗乾淨再處理盤子。

2　在盤子邊緣的內側（圓環）貼上紙膠帶。一邊繞盤子，一邊以手指壓住膠帶並慢慢黏貼。

3　在盤子的中央貼上紙膠帶。

4　將紙膠帶貼成十字形，盤子分成4等分。繼續黏貼膠帶，分割成8等分。

5　使用食器麥克筆的細字筆頭，在8等分中的其中一等分的正中間由內往外畫一條線。

6　動手畫出放射狀線條，畫到紙膠帶的地方為止。

7　另一半也要畫出線條，一樣畫到紙膠帶的地方為止。完成8分之1後，旁邊也以同樣的方式在正中間畫線。

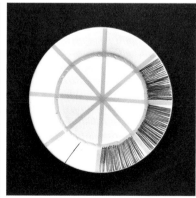

8　以相同方式在全部8個區塊裡畫線。

9　用濕紙巾擦拭線條畫失敗的地方。小細節的部分，可以用棉花棒或牙籤修正。

076

在簡約的白色盤子上開心作畫，做出時尚的盤子♪
只要動手畫線就行了，方法超簡單。
單色調的雅緻設計也能讓人感受到手作的暖意。

10　將所有需要重新畫線的線條擦掉。

11　擦過的地方乾了以後，以同樣的方式重新畫線。

12　畫好所有線條後，從最後貼上的紙膠帶開始依序拆除紙膠帶。

13　原本貼有紙膠帶的地方也要加上線條。

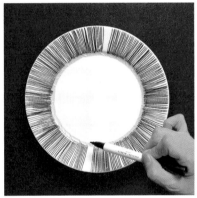

14　將分割 8 等分的紙膠帶全部撕下來，在所有空隙中畫滿線條。

15　將貼在邊緣內側（圓環）的紙膠帶撕下來。

16　在邊緣的內側區塊，用食器麥克筆畫出粗線條。

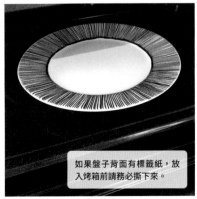

17　線條乾了以後，在已預熱的烤箱中烘烤 20～25 分鐘。烘烤時間與設定需根據烤箱的機型來調整，請參考食器麥克筆的說明書。

如果盤子背面有標籤紙，放入烤箱前請務必撕下來。

18　加熱結束後，在冰箱靜置 1 小時以上，盤子降溫後就完成了。跟範例的一樣邊緣有凹弧的盤子（圓盤）都能以同樣的方式作畫。

Glass marker

酒杯標記

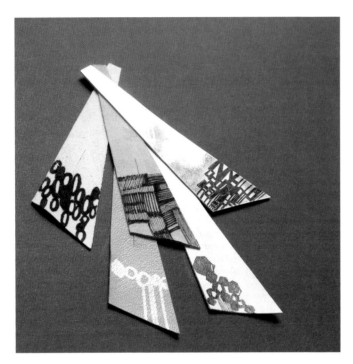

紙型

工具・材料

- 紙型（從 P.122 下載或列印）
- 尺
- 美工刀
- 切割墊
- 剪刀
- 透明膠帶
- 油性麥克筆（銀）／細字
- 油性麥克筆（黑）／極細・超極細
- 皮革餘料

酒杯標記

Glass marker

共用

1　從 P.122 下載或列印紙型，將紙型剪下來使用。如果無法準備紙型，請畫出大小約 140 mm 的相似圖形。

2　將剪下的紙型放在皮革餘料上，以透明膠帶黏貼固定。

3　將切割墊放在底下，沿著紙型切割皮革。

4　紙型中間的短線（紅圈範圍）是插入口，所以也要記得切割喔！

5　其餘的皮革也以相同方式切割。

6　使用銀色油性麥克筆之前，請先在其他紙上確認墨水的出水量。

A

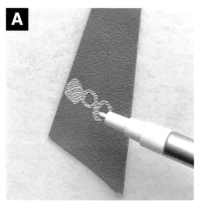

1　用銀色油性麥克筆（細字）畫圓，局部填滿顏色。

2　畫出不同大小、稍微歪斜的圓形，藉此呈現起伏變化感。最後在圓形下方畫幾條直線，A 設計完成。

B

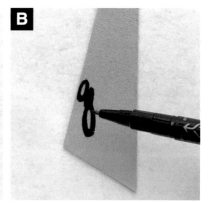

1　用黑色油性麥克筆（極細）畫出橢圓形。繪製絨面皮革時，需要重複描線 2～3 次並加深黑色。

在人多的派對場合準備酒杯標記，就能馬上找到自己的酒杯。可以根據當下的心情選擇不同圖案。在居家派對中使用，或是送給喜歡喝酒朋友，應該都很受人喜愛。

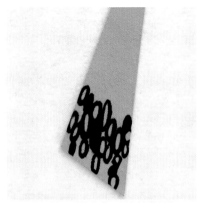

2　改變橢圓形的大小，局部塗滿黑色。在某些地方保留空間以製造清新感。B 設計完成。

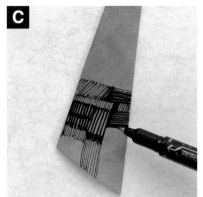

1　用黑色油性麥克筆（超極細）畫出各種長度和角度的平行線。除了超極細筆頭之外，搭配使用粗體油性麥克筆，做出不同粗細的線條變化。

2　C 設計完成。

1　使用加工過的皮革素材。使用黑色油性麥克筆（極細），隨意畫出層層堆疊的線條和四邊形。

2　D 設計完成。

1　用黑色油性麥克筆（極細）畫出圓形。畫出塗滿黑色的圓形，以及只有線條的圓形，並且搭配組合。

2　E 設計完成。

共用

1　使用各種皮革素材製作色彩繽紛的作品。建議在成品上面噴一些防水噴霧。

2　畫好圖案後，將標記纏繞在酒杯杯腳上，比較細的那端穿過正中間的插入口，這樣就能使用了。

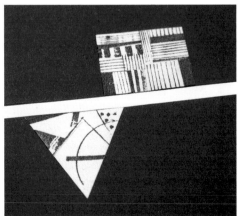

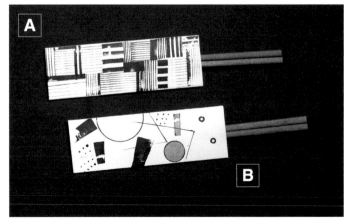

Chopstick wrapper & place mat

筷子收納袋與餐墊

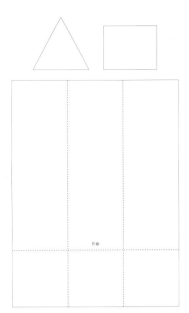

牛奶盒圖章紙型
A：寬50 mm × 高40 mm
　　寬50 mm × 高25 mm
　　寬50 mm × 高20 mm
　　寬50 mm × 高10 mm
　　寬50 mm × 高8 mm
B：寬50 mm × 高100 mm
　　寬50 mm × 高20 mm
　　寬50 mm × 高20 mm
　　寬50 mm × 高40 mm

筷子收納袋的紙型
（上方△與□的用途為餐墊裝飾）
△：寬50 mm × 高46 mm的三角形
□：寬48 mm × 高38 mm的長方形
筷子收納袋是寬150 mm × 高200 mm長方形，
折線在距離上方150 mm的位置

工具・材料

- 紙型（從 P.123下載或影印）
- 熨斗
- 尺
- 美工刀
- 切割墊
- 透明膠帶
- 砂紙（#360）
- 影印紙2張（紙膠帶專用、熨斗專用）
- 牛奶盒（製作圖章）
- 用來畫圓的塑膠（水羊羹或果凍的容器、蓋子）
- 口紅膠
- 面相筆
- 著色盤（2個）
- 墨汁
- 衛生紙
- 筷子收納袋：版畫專用和紙（色紙（白）／圖畫紙亦可）
- 餐墊：色紙（黑）

筷子收納袋與餐墊

Chopstick wrapper & place mat

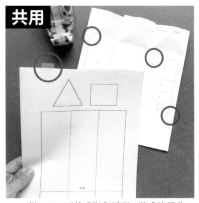

共用

1　從 P.123 下載或影印紙型。將「筷子收納袋紙型」疊在 2 張和紙上,「圖章專用紙型」則疊在牛奶盒上,用透明膠帶固定。

2　沿著紙型切割下來。2 張和紙將用來製作 2 款筷子收納袋。依照紙型的「A」、「B」標示整理圖章專用牛奶盒。

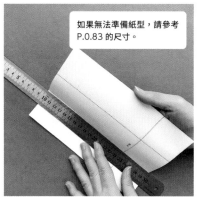

如果無法準備紙型,請參考 P.0.83 的尺寸。

3　將 2 張和紙跟「筷子收納袋紙型」疊在一起,用尺沿著紙型的虛線折出折線。

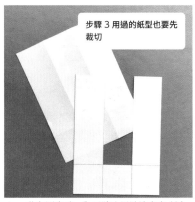

步驟 3 用過的紙型也要先裁切

4　蓋印圖案時,為了防止墨汁流出去(紙膠帶),再準備一張「筷子收納袋紙型」。依照照片示範的樣子切割紙型。

A

1　依照「圖章專用紙型」A 裁切牛奶盒,直接用牛奶盒的邊緣沾取著色盤中的墨汁,在衛生紙上輕輕按壓並調整墨水量,垂直地蓋印下去,做出平行的線條。

2　只要輕輕按壓著紙張就能做出細線。即使顏色有點不均勻也別有一番風味。接著用牙籤的前端修補令人在意的地方。

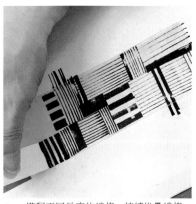

3　搭配不同長度的線條,持續堆疊線條並填滿縫隙。筷子收納袋紙型 A 設計完成。

4　將和紙裁切成四邊形作為餐墊上的裝飾。在和紙上蓋印跟筷子收納袋 A 一樣的圖案。

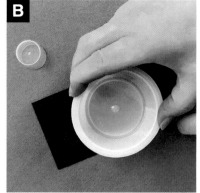

B

1　準備下一個圖案設計。拿出用來蓋印圓形的塑膠,將塑膠放在砂紙上輕輕摩擦 10 秒左右,讓墨汁更容易沾附。

要不要試著用手工製的筷子收納袋來佈置餐桌？不僅能招待朋友，還能作為家庭聚會或過年時的裝飾喔！將牛奶盒裁成各種形狀，準備圓形的塑膠材料，在和紙上蓋印圖案，製作 2 款成套的筷子收納袋與餐墊。

2 　依照「圖章專用紙型」B 將牛奶盒切割成長方形，用筆在牛奶盒的邊緣塗上墨汁，並且蓋印斜線。請使用不同長度的牛奶盒紙片。

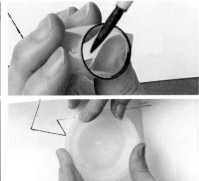

3 　以同樣的方式用筆在塑膠材料上塗墨汁，並且蓋印圖案。

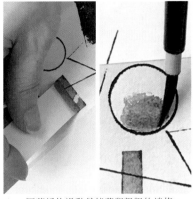

4 　壓著紙片滑動就能蓋印粗粗的線條。另外在局部使用稀釋過的墨水，營造起伏的層次感。

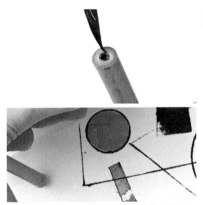

5 　在筆的另一端塗上墨汁，蓋印小小的圓形。

6 　使用牙籤的頂端蓋印，蓋出小小的圓形。筷子收納袋紙型 B 設計完成。

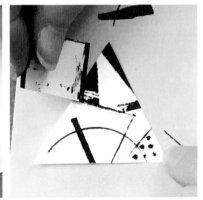

7 　將和紙裁切成三角形，作為餐墊上的單點裝飾；依照筷子收納袋 B 的蓋印方式，做出一樣的圖案。

共用

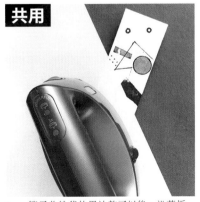

1 　筷子收納袋的墨汁乾了以後，沿著折線用力彎折，在上面放一張影印紙，用低溫的熨斗（乾燙）壓平。

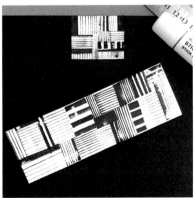

2 　用口紅膠在色紙的中央黏貼四邊形的和紙，作為餐墊的裝飾。筷子收納袋 A 與餐墊製作完成。

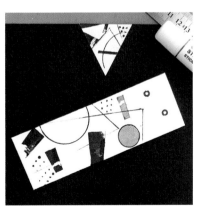

3 　在色紙上黏貼三角形的和紙，筷子收納袋 B 與餐墊製作完成。壓印相同圖案就能做出具有統一感的設計。

Cube light

方塊燈具

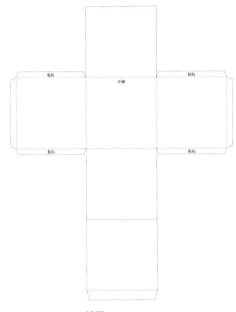

紙型
（60 mm的立方體展開圖）

工具・材料

- 紙型（從 P.124 下載或列印）
- LED 蠟燭燈 3 個
- 尺
- 美工刀
- 切割墊
- 透明膠帶
- 口紅膠
- 紙襯（在展開圖上畫圖時墊在底下）
- 鉛筆
- 著色盤 2 個
- 墨汁
- 面相筆 2 支
- 衛生紙
- 色紙（白）／圖畫紙亦可

> ※ 為避免發生火災，切勿使用 LED 蠟燭燈以外的照
> 明工具。

方塊燈具

Cube light

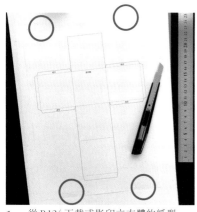

1　從 P.124 下載或影印立方體的紙型，（以製作 3 個燈具為例）將紙型疊在 3 張白紙上，並以膠帶固定上下方。

2　先沿著紙型切割黏貼處的斜線，接著切割直線。如果無法準備紙型，請製作一個邊長 60 mm 的立方體展開圖。

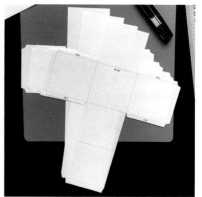

3　3 張疊在一起切割時，需要用力往下割。角落也要仔細切割，做出 3 份燈具展開圖。

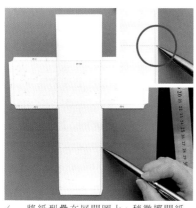

4　將紙型疊在展開圖上，稍微挪開紙型，並用鉛筆在折線處做記號。

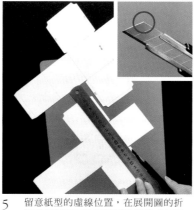

5　留意紙型的虛線位置，在展開圖的折線處用美工刀的刀背壓出折線（勿用刀刃切割紙張）。

6　準備兩種墨汁，一種為墨汁原液的深色墨，另一種是以水稀釋的淺色墨。上色前先試畫看看，確認墨水的深淺度及線條的粗細度。

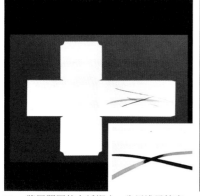

7　將展開圖放在紙襯上，先用淺墨拉出粗線。趁淺墨還乾之前，用深墨快速地疊加斜線，做出交錯滲透的效果。

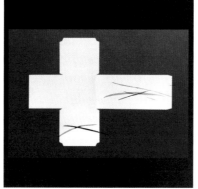

8　在展開圖的其他面畫線。畫出 2 條或 3 條線，互相搭配淺色墨和深色墨。透過線條長度及水墨的深淺變化營造動態感。

9　將紙襯和展開圖轉到畫得順手的方向，一邊調整紙的位置，一邊作畫。

用方塊紙包住 LED 蠟燭燈，製作小型燈具。不同深淺的水墨營造出平和的氣氛。為什麼不把它放在餐桌或玄關處，作為室內裝飾呢？不過，為了避免引起火災，請切勿使用 LED 蠟燭燈以外的照明工具。

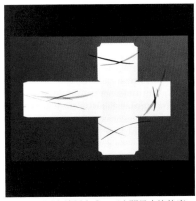

10　4 面圖案繪製完成。正中間是方塊的底面，因此不需要畫圖。

11　接著加入潑濺的水墨。用筆充分沾取淺色墨，食指輕敲筆桿的上面。開始作畫前一樣要先在其他紙上試畫。

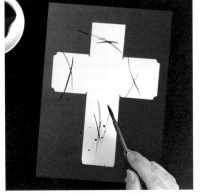

12　在線條上面潑灑 2～3 次墨汁，畫出四散協調的點。

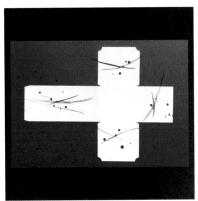

13　4 面潑灑墨點，圖案繪製完成。

14　墨汁乾了以後，將先前以刀背壓出的折痕折起來，凹出立方體的形狀。

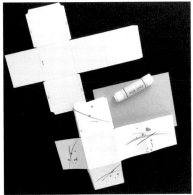

15　將所有折線折起來，在紙型的「黏貼」標記處塗口紅膠。

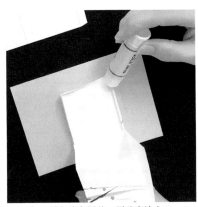

16　為了避免邊角脫落，需確實塗上 2～3 次的口紅膠，將紙片黏合起來。

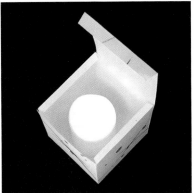

17　做出一個盒子後，打開 LED 蠟燭燈的開關，從上面將燈具放進去，並且蓋上蓋子。

18　完成其餘的 2 個盒子，3 個方塊燈具就製作完成了。

Scandinavian style lights

北歐風燈具

工具・材料

- LED 蠟燭燈
- 尺
- 美工刀
- 切割墊
- 口紅膠
- 著色盤 2 個
- 墨汁
- 毛筆（中筆・細筆）
- 鉛筆
- 色紙（白）／圖畫紙亦可

※ 為避免發生火災，切勿使用 LED 蠟燭燈以外的照明工具。

北歐風燈具

Scandinavian style lights

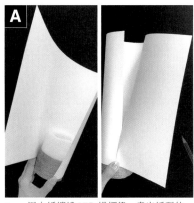

1　用白紙纏繞 LED 蠟燭燈，畫出紙張的輔助線，用鉛筆做標記。

2　決定紙張尺寸並切割下來。

3　準備兩種墨汁，一種是保留原液的深色墨，一種是以水稀釋的淺色墨。

4　作畫前先進行試畫，確認墨汁深淺度和線條粗細度。

5　以樹幹為意象，用中筆由左而右畫出 5 條線。在線條之間保留空隙或拉近距離，藉此製造變化感。

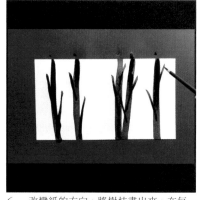

6　改變紙的方向，將樹枝畫出來。在每根樹幹上用細筆畫 2 根樹枝。

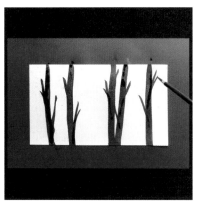

7　最後在每根樹幹上增加一根樹枝，A 設計完成。

8　墨汁乾了以後，紙張翻面並在邊緣塗口紅膠。

9　紙張包住 LED 蠟燭燈，黏合時需保留一點空隙，以便後續拆除。

LED 蠟燭燈如蠟燭般燭火搖曳，將手繪紙捲起並改造成燈具。具有樹木意象的北歐風圖案透出光亮，可作為房間裝潢的元素，也很適合在休閒時光使用。但是，為了避免引起火災，請切勿使用 LED 蠟燭燈以外的照明工具。

10　將兩邊黏合後，打開 LED 蠟燭燈的開關，A 燈具製作完成。

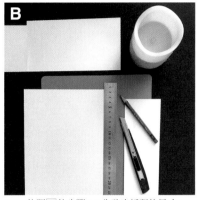

1　依照 A 的步驟 1，先確定紙張的尺寸，裁切寬度需比預估的尺寸大 1 cm。

2　將紙張分成 3 等分，切成不同的寬度。先將一張紙對半切，然後再調整寬度並繼續裁切。

3　作畫前先試畫看看，確認墨汁深淺度和線條粗細度。從比較寬的紙開始依序作畫，用淺色墨畫出線條。保留一些空隙，藉此增加變化感。

4　畫好所有淺墨線條後，將深色墨疊加在需要強調的線條上。

5　隨機塗上深墨和淺墨，讓整體保持平衡。

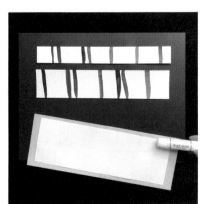

6　墨汁乾了以後，從上面那張較窄的紙開始翻面，在重合處（約 5 mm）塗上膠水，將 3 張紙黏在一起。

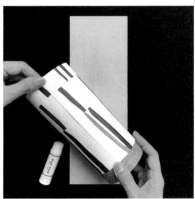

7　用紙包住 LED 蠟燭燈，保留一點空隙並黏合起來，以便後續拆除。

8　兩邊都黏好之後，打開 LED 蠟燭燈的開關，B 燈具製作完成。

Wall
hangings
of
diatomite

珪藻土掛畫

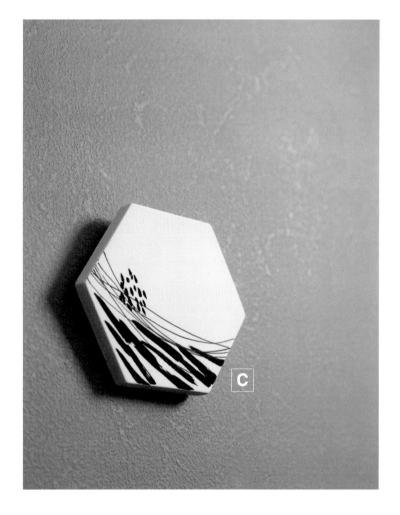

工具・材料

- 珪藻土杯墊 3 個
- 圖釘
- 鐵掛鉤 大孔／FUKUI METAL & CRAFT
- 黏著劑
- 喜歡的香水
- 著色盤 2 個
- 面相筆
- 壓克力顏料（黑）
- 壓克力顏料（白）
- 油性麥克筆（黑）／極細

珪藻土掛畫

Wall hangings of diatomite

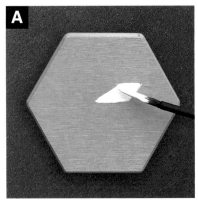

1　在灰色的珪藻土杯墊上，用白色壓克力顏料畫出類似梯形的形狀。

2　白色顏料乾了以後，運用點壓筆尖的技法，以黑色壓克力顏料畫出點點。

3　在先前畫的白色梯形輪廓上，用黑色壓克力顏料疊加線條。讓線條稍微偏離白色輪廓，做出前後距離感。

4　最後用細字的黑色油性麥克筆添加線條，A設計完成。有凹凸起伏的珪藻土杯墊比較難畫線，需要慢慢地上色。

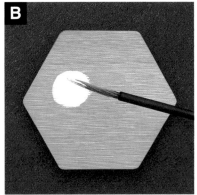

1　用白色壓克力顏料畫出圓形。

2　顏料乾了以後，用黑色壓克力顏料在白色圓形上畫線。線條稍微偏移白色區塊。

3　繼續添加黑色圓形。

4　下方也要疊加圓形。如果有顏色不均的地方，則要重複疊加上色。

5　顏料乾了以後，使用細字的黑色油性麥克筆，疊加許多細細的線條並增加圓形。

利用珪藻土杯墊製作掛畫。可將掛畫作為室內裝潢的裝飾，也能滴上喜歡的香水，作為擴香石使用。經過數日香氣消散後，還可以滴上其他香味的香水，依照心情改變香氣。

6　白色圓形內部也要用油性麥克筆增加線條。

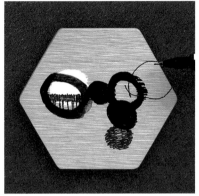

7　最後用油性麥克筆增加圓形，B設計完成。

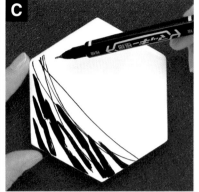

1　用面相筆沾取黑色壓克力顏料，在左下方隨意畫出線條。顏料乾了以後，用油性麥克筆增加線條。

2　最後用面相筆疊加一些黑點，C設計完成。

3　等待顏料風乾。

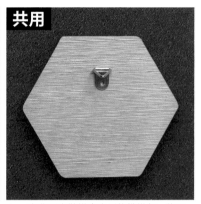

共用

1　在背面安裝掛畫專用的鐵掛勾。將三角形的零件立起來，比較容易塗上黏著劑。

2　在鐵掛勾上塗黏著劑。黏著劑的顏色是透明的，塗很多也不會影響到作品的呈現。

3　在預估的位置上黏貼掛鉤，用力壓緊固定。風乾之後，珪藻土掛畫就完成了。

4　噴上現有的香水，將作品掛上牆面，享受香氛的美好。使用白色珪藻土前，請先在紙上測試香水是否有顏色。

Leather tapestry

皮革掛軸

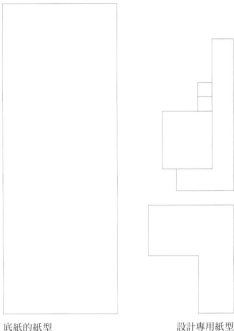

底紙的紙型
（寬 80 mm × 高 215 mm）　　　設計專用紙型

工具・材料

- 紙型（從 P.124 下載或列印）
- 尺
- 美工刀
- 切割墊
- 透明膠帶
- 尖嘴鉗
- 口紅膠
- 鑷子
- 壓克力顏料（黑）
- 面相筆
- 黏著劑
- 鏈條（200 mm）
- 圓形掛勾
- 鋸齒固定夾
- 鉛片
- 角落金屬框 ×4 個
- 衛生紙
- 色紙（白）
- 色紙（黑）
- 皮革餘料：厚度 1.5 ～ 2 mm（黑）

皮革掛軸

Leather tapestry

1　從 P.124 下載或列印皮革掛軸的紙型。底紙及圖案設計被印在同一張紙型上，因此需要將它們割開。

如果無法準備紙型，請準備寬 80mm×高 215mm 的底紙，以及尺寸小於底紙的設計圖案。

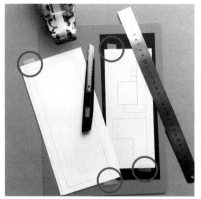

2　將底紙的紙型跟 2 張白紙疊在一起，圖案設計的部分則跟一張黑紙相疊，用膠帶固定上下方。

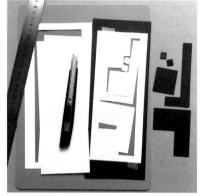

3　沿著紙型切割色紙。將底紙留下的外框保留起來，之後可以當作輔助模板使用。

4　用口紅膠將 2 張紙黏合，將裁切後的白紙做成厚實的底紙。

5　在圖案設計的黑紙上塗口紅膠，拿出步驟 4 黏合的白色底紙，將黑紙貼上去。

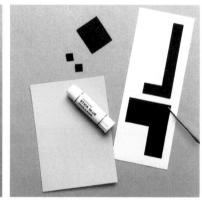

6　觀察整體平衡，用鑷子黏貼黑紙。先在黏貼處做記號，貼起來會更順手。

7　將鉛片割成 10×70 mm。

8　將切割好的鉛片彎成波浪狀。鉛片很柔軟，很容易塑形。

9　在鉛片背面各處塗上接著劑，一邊留意整體平衡，一邊用鑷子黏貼鉛片。

用皮革與鉛片做出存在感十足的掛軸，光是裝飾在牆面上就立即讓空間產生變化。在皮革的四個角落割出插入口就能輕易更換圖案，根據季節或場合享受不同畫作。

10　用黑色壓克力顏料將角落的金屬框塗黑。顏料風乾後，用衛生紙輕輕擦拭，製造出復古的年代感。

11　將皮革切割成 165×450 mm，用於製作掛畫的主體。為了將金屬零件確實固定，需使用厚度 1.5～2 mm 的皮革。

12　拿出裁切後的皮革，在四角塗一點接著劑，裝上復古的角落金屬框，並用尖嘴鉗壓緊。

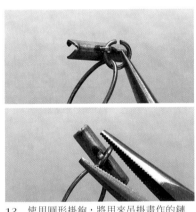

13　使用圓形掛鉤，將用來吊掛畫作的鏈條及鋸齒固定夾串起來。用尖嘴鉗用力壓緊圓形掛鉤的縫隙。

14　在皮革上方的中間位置，用尖嘴鉗固定鋸齒固定夾。

15　拿出步驟 3 底紙挖空後留下的外框，將外框當作輔助模板。決定圖案的擺放位置（參考：距離下方 70 mm）後，用美工刀在 4 個角落割出 10 mm 的斜線。

16　將底紙插入 4 個角落的切口。

17　運用皮革與鉛片點綴，做出單色調設計，略帶帥氣感的皮革掛畫就製作完成了。

18　請根據季節或場合更換圖畫，比如換成水墨繪製的柔和抽象畫。

Tapestry of scrap wood

木板角料掛軸

裁切線

紙型

裁切線

變化版紙型

工具・材料

- 紙型（從 P.125 下載或影印）
- 尺
- 美工刀
- 切割墊
- 剪刀
- 銼刀（200 號左右的砂紙亦可）
- 鑷子
- 十字螺絲起子
- 口紅膠
- 無痕雙面膠
- 油性麥克筆（銀）
- 著色盤
- 墨汁
- 面相筆
- 鉛筆
- 薄瓦愣紙
- 箱子把手：S 尺寸
- 螺絲：長 10 ㎜
- 皮繩
- 和千代紙（金）
- 色紙（白、黑）
- 不板角料：190 ㎜ ×600 ㎜　厚度約 10 ㎜

木板角料掛軸

Tapestry of scrap wood

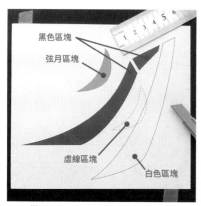

黑色區塊
弦月區塊
虛線區塊
白色區塊

1　從 P.125 下載或列印月亮文字的紙型，沿著裁切線切割後，將紙型疊在黑紙上，用膠帶固定。

如果無法準備紙型，請畫出大約寬 140mm×高 125mm 的相同圖形。

2　沿著紙型中「黑色區塊」和「弦月區塊」的形狀切割，將墊在底下的黑紙割下來。切割曲線時，需慢慢地移動美工刀。

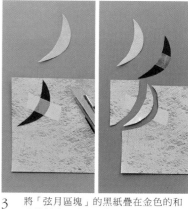

3　將「弦月區塊」的黑紙疊在金色的和千代紙上，並以膠帶固定。依照黑紙的形狀切割金色的和千代紙。

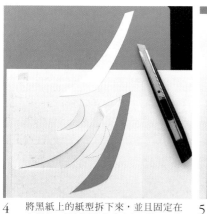

4　將黑紙上的紙型拆下來，並且固定在白紙上。切割紙型的「白色區塊」，將白紙割下來。

5　將白紙切割成寬 150 mm×高 210 mm，用來當作黏貼木板的底紙。

畫好一半的線條後等墨水風乾，接著用美工刀壓著紙張畫線，畫起來更順手。

6　在「黑色區塊」的黑紙上，用銀色油性麥克筆畫線。

7　將墨汁倒入著色盤，用筆在瓦愣紙的邊緣塗上墨汁，並且在「白色區塊」的白紙上蓋印。

8　蓋印 2～3 次後，如果還想加深線條，則繼續增加墨水。在角落蓋印可以讓文字的輪廓更明顯。

後續黏貼底紙時，還會用到切割後留下的紙型。

9　將紙型從白紙上撕下來，固定於切割墊上，將虛線的弦月區塊割下來。這裡只需要切割紙型，因此底下不需要墊任何東西。

一起在手工藝商店或跳蚤市場找到喜歡的木角材，用木紋做出簡約的掛軸吧！使用無痕雙面膠黏貼作品，隨心情改變圖案。依照 P.116 的作法，在木紋上塗上喜歡的深淺度，增加年代感也很好看喔！

10　將步驟 3 切割的金色和千代紙，以及步驟 6～8 蓋印線條和圖案的色紙翻面，仔細地塗上口紅膠，角落也要塗滿。

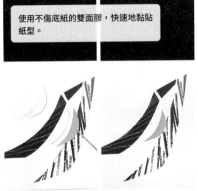

使用不傷底紙的雙面膠，快速地黏貼紙型。

11　將紙型貼在底紙上，在文字配件上塗口紅膠，用鑷子將文字黏入紙型的空洞裡，就能避免文字的形狀歪掉。

12　將底紙翻面，在四邊貼上無痕雙面膠。黏貼之前，先確認紙的尺寸再裁剪雙面膠。

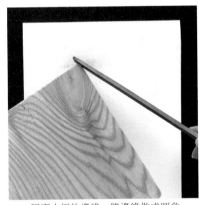

13　研磨木板的邊緣，將邊緣做成圓角。範例使用銼刀研磨，也可以選用 200 號左右的砂紙。

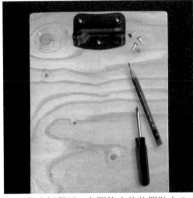

14　將木板翻面，在照片中的位置貼上 S 號的箱子把手。為避免螺絲打穿木板，應選擇短於木板厚度的螺絲。

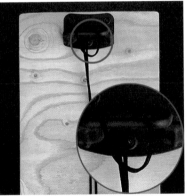

15　將皮繩綁成照片中的樣子。

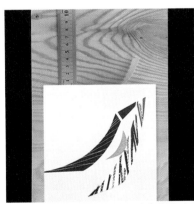

16　貼上把手之後，撕下底紙背後的雙面膠，將底紙黏在偏下的位置（參考：距離上方 220 mm）。

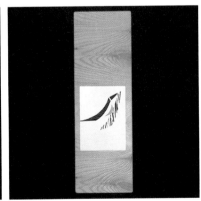

17　調整皮繩的長度，製作完成。你也可以依照 P.116 的作法，使用日本德蘭 TURNER 古董木質色蠟，將木板塗成喜歡的深淺度，營造年代感也很不錯。

18　「風」紙型的作法跟「月」一樣。用瓦愣紙蓋印圖案時，記得角落也要仔細地蓋印。

Kraft paper hanging scroll

牛皮紙掛軸

工具・材料

- 尺
- 美工刀
- 切割墊
- 剪刀
- 透明膠帶
- 無痕雙面膠（15 mm～20 mm）
- 透明寬膠帶
- 鉛筆
- 流木　2 根（壓克力棒或木棒亦可）
- 皮繩（參考尺寸：1000 mm）
- 緞帶（參考尺寸：25×400 mm）
- A3 厚紙 2 張（A4 尺寸則準備 A4 透明資料夾 2 張）
- A3 厚紙 2 張（A4 厚紙 2 張亦可）
- 牛皮紙卷

牛皮紙具有獨特的素雅色調及質感，不會讓室內裝潢過於突兀，可營造出很有藝術感的氛圍。小朋友的書法作品或是 P.010〜019 技法繪製的作品，都能作為牛皮紙上的替換裝飾。同樣的方法也能做出 A4 尺寸的作品。

1　將 2 張 A3 的厚紙貼在一起，裁切成喜歡的尺寸（參考尺寸全長：700 mm），貼上透明寬膠帶。

2　將貼合的厚紙放入 A3 透明資料夾，左右兩邊夾住厚紙作為補強，接著用透明膠帶貼起來，將底紙做出來。

3　將厚紙做成的底紙放在牛皮紙卷上，以尺的寬度為基準，將左右兩邊的牛皮紙折起來，並且切掉多餘的寬度。

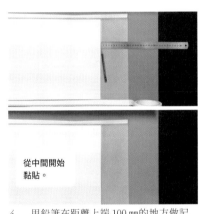

從中間開始黏貼。

4　用鉛筆在距離上端 100 mm 的地方做記號，底紙需對準標記處。打開步驟 3 牛皮紙的彎折處，在內側貼上無痕雙面膠，將牛皮紙往內折入貼合。

5　在先前保留 100 mm 的地方折出三角形，左右兩邊用透明膠帶固定，將牛皮紙往內折並做出折痕。

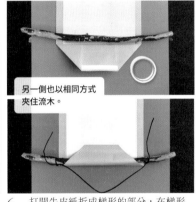

另一側也以相同方式夾住流木。

6　打開牛皮紙折成梯形的部分，在梯形邊緣貼上無痕雙面膠。用牛皮紙夾住流木並黏起來，並且綁上皮繩。

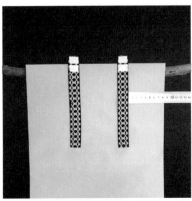

7　將緞帶剪一半，依照照片的黏貼方式在背面貼上雙面膠，並且貼在掛軸的上端。

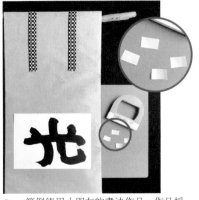

8　範例使用小朋友的書法作品，作品採用較厚的繪畫用紙。用無痕雙面膠將作品貼在牛皮紙上。

9　你也可以貼上 P.010〜019 技法繪製的作品，依照個人心情替換裝飾。

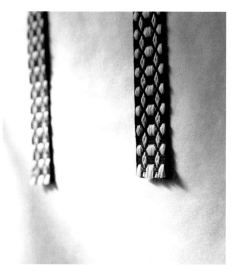

ARRANGE

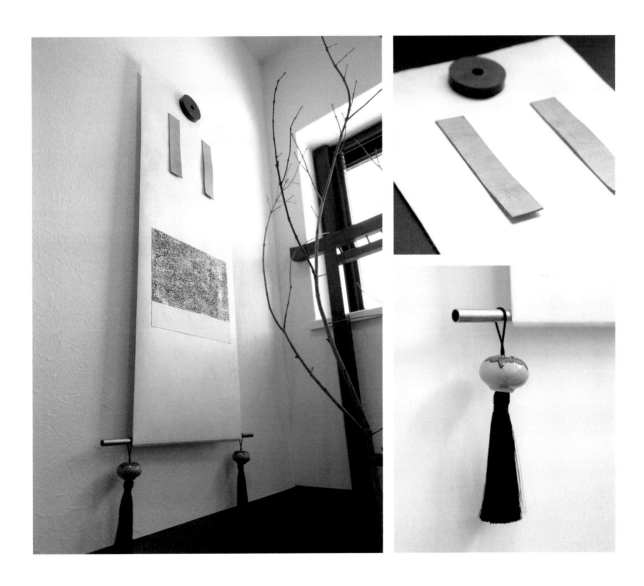

Antique style frame

復古相框

工具・材料

- 美工刀
- 砂紙
- 多餘的布料
- 塑膠手套
- 牙籤
- 著色盤 1 個
- 壓克力顏料（黑）
- 平筆
- 油性麥克筆（金）
- 木製相框 3 個（Ａ金色、Ｂ木紋印刷、Ｃ銀色）

復古相框

Antique style frame

1　將木製相框準備好。由於塑膠無法用顏料上色，因此請選用木製品。

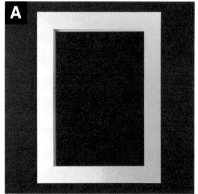

1　開始加工金色相框。拆除相框的背部。

2　使用美工刀的刀背，在相框表面和側面刮出刀痕，營造老舊的年代感。用力過度會造成表面塗層剝落，這點需多加小心。

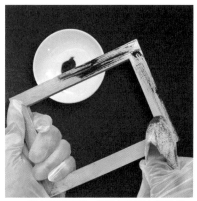

3　戴上塑膠手套，將黑色壓克力顏料倒入著色盤，用多餘的布料沾取顏料，在整體塗上顏色。

4　顏料乾了以後，擦除顏料並保留一些顏色。如果擦過頭了，請再塗一次顏料，做出喜歡的顏色。

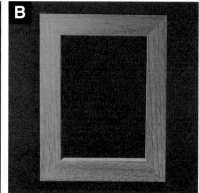

1　開始加工木紋相框。拆除相框的背部。

2　印刷的木紋框難以沾附顏料，所以要先用砂紙輕輕摩擦，讓表面更粗糙。範例使用的是 200 號左右的砂紙。

3　用平筆在整體塗上黑色壓克力顏料。壓住相框背面的固定釦，上色起來更輕鬆。

4　針對側面難以上色的地方，將相框放在盒子上墊高，一邊轉動盒子，一邊上色。

使用日本百元商店的相框，加工成復古質感，做出風格強烈的原創相框。將 P.010～019 技法繪製的作品放入相框，增加相框的氣氛。試著用相框裝飾休閒空間吧！

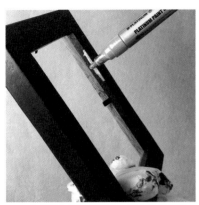

5　在相框內側的邊緣處，用金色油性麥克筆上色。

6　拿出從相框拆下的紙，在紙上塗一點麥克筆的墨水，接著用牙籤沾取墨水，在相框角落上色。

7　全部塗好後，等待顏料風乾。

8　顏料乾了之後，用美工刀的刀背在四處刮出一點木紋，製造陳舊感。

C

1　將銀色相框的背部拆下來。

請注意，有弧度的相框容易造成美工刀打滑。

2　依照 A 金色相框的作法，用美工刀的刀背在整體刮出痕跡。

3　依照 A 的方法，用布沾取黑色壓克力顏料，在整體塗上一些顏色。

4　相框稍微風乾後，擦除顏料並保留一些顏色。如果擦過頭了，請再塗一次顏料，做出喜歡的顏色。

共用

1　復古相框完成了。如果你想製作壁畫，可以在相框背面安裝掛鉤（請參考 P.117 的步驟 9）。

Frame with wood texture
木質感相框

工具・材料

- 日本德蘭 TURNER 古董木質色蠟
  （顏色：雅各比 Jacobean ）
- 多餘的布料
- 銼刀（美工刀或螺絲起子亦可）
- 十字螺絲起子
- 紙膠帶
- 刷子（鞋刷亦可）
- 鐵掛鉤
- 木製相框（非木紋印刷製品）

116

使用日本百元商店的木製相框（非木紋印刷）進行加工製作，進一步襯托出相框裡的作品之美。
色蠟是新手也不容易失敗的簡單工具，用比較硬的刷子刷出深邃的光澤感，增加木頭的溫暖質
感。

1　將木製相框準備好。拆除相框的背部。

塗抹色蠟前先清掉灰塵，並且用銼
刀磨平木屑（砂紙也 OK）。

2　用銼刀之類的堅硬器具，在表面和側
　面增加刮痕，做出陳舊的復古質感。
　也可以使用美工刀的刀背或螺絲起子。

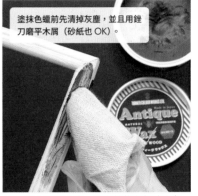

3　戴上塑膠手套，用多餘的布料沾取色
　蠟，慢慢地、均勻地沿著木紋塗開色
　蠟。

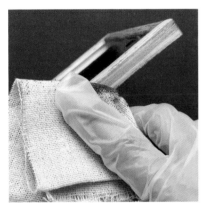

4　遇到有刮痕的地方時，揉捏布料並深
　入凹痕裡塗上色蠟。

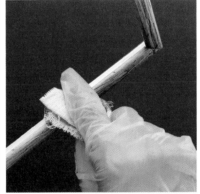

5　在整體塗上色蠟後，如果想加深顏色
　的話，則繼續疊加色蠟，畫出喜歡的
　深度。

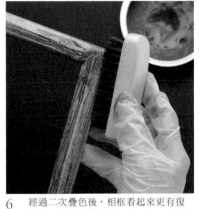

6　經過二次疊色後，相框看起來更有復
　古了。色蠟風乾之後，使用鞋刷之類
　的硬刷，將色蠟刷出深邃的光澤感。

7　塗完色蠟後的樣子。日本德蘭
　TURNER 古董木質色蠟共有 8 種顏色，
　請選擇自己喜歡的顏色。

8　將 P.010～019 技法繪製的作品放入相
　框，將背板蓋回去，相框製作完成。

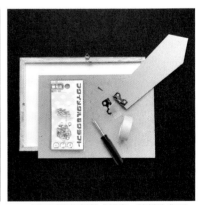

9　如果要將相框做成掛畫，請拆除背面
　的支架並安裝掛鉤。拆除支架後會留
　下的金屬零件，為了避免牆壁被零件
　刮傷，應使用紙膠帶加以保護。

P.025「改造信封」& P.029「原創信紙」

信紙格線的紙型

收件人紙型

P.033「文香」

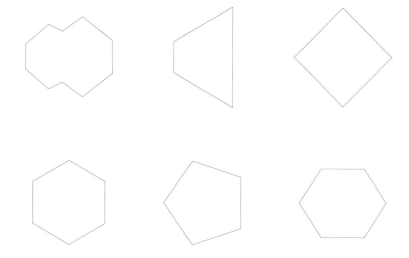

P.041「日式紅包袋」

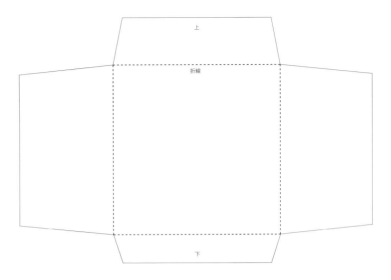

P.048「有趣小圖案的大胸章」

橡皮擦印章專用紙型

P.050「幾何圖形個性亞麻布胸章」

牛奶盒圖章紙型

P.061「原創托特包」

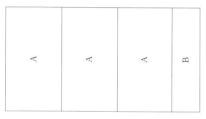

牛奶盒圖章紙型

P.079「酒杯標記」

P.083「筷子收納袋與餐墊」

牛奶盒圖章紙型

筷子收納袋紙型（上方△與□的用途為餐墊裝飾）

P.089「方塊燈具」

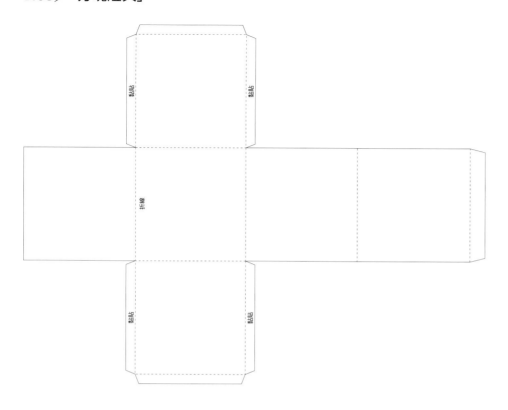

P.101「皮革掛軸」

設計專用紙型

底紙的紙型

P.105「木板角料掛軸」

裁切線

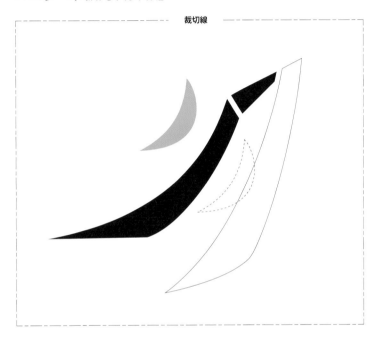

裁切線

Author's Profile

大場 玲子（兔書屋）

靜岡縣出生
桑澤設計研究所 視覺設計學科畢業
日本教育書道藝術院 師範科畢業

曾任職於多家設計事務所，而後獨立接案。
2001 年以「兔書屋」的名義從事設計與水墨相關工作。
飯店、樣品屋、公寓大廈入口的抽象畫製作等。

著作
2009 『手描き素材集 毛筆』
2015 『手描き素材集 筆の紋様 季節の和柄』

獲得「GEISAI ＃ 8」illustration 獎
入選日本字體排版年鑑 Logo 與符號標誌部門
東京書法展 獲獎 4 次、獎勵獎 1 次

2003 「躍兔庭園」神樂坂 AYUMI GALLERY（東京）
2004 「Le voyage au Japan」（Paris）
2006 「水在月」神樂坂 AYUMI GALLERY（東京）
2006 「盛夏水色」月日莊（名古屋）
2009 「墨之美・月與兔 Isamiya 沙龍 Vol.3」咄いさみや （靜岡）
2009 「設計與水墨工作展」（靜岡）

Instagram：https://www.instagram.com/toshoya_01

Production collaborator profile

佐原 啓子（sahara）

水墨藝術製作・hinikeni（ひにけに）雜貨製作

東京學園 東京設計師學院 平面設計學科畢業
曾任職於玩具公司、服飾公司，擔任企劃及設計
飾品雜貨製造與批發

1996　入選 HANDS GRAND PRIX 作品（評審團特別獎）後，
　　　在藝廊展出手工藝作品
2004　墨象與水墨作品製作
2008　入選藝術未來展（獎勵獎）
2009　入選日法現代美術展、入選白金藝術展
2011　藝術博覽會（比利時 根特）
2013　國際美術展（台灣）
2013　藝術博覽會（紐約）
2014　ZERO ART（紐約）
2015　入選損害保險 Japan 日本興亞美術館獎「FACE2015」

此外，亦參與許多團體展、個人展、藝術展。

2020～2021
　　　舉辦雜貨製作活動 hinikeni（ひにけに），
　　　於個人展「黑色袋物展」展出皮革包物與飾品

Instagram：https://www.instagram.com/sahara1483

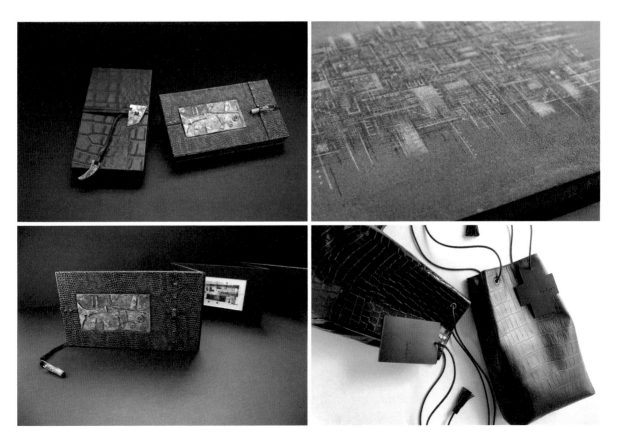

製作協力 佐原啓子 SAHARA Keiko

Staff

Art Director 大場玲子（兎書屋）OHBA Reiko

Layouter 園田優子（AIRE Design）SONODA Yuko

Editor 園田省吾（AIRE Design）SONODA Shogo

Planner 高田史哉（Hobby JAPAN）TAKADA Fumiya

攝影協力 咄・いさみや

Ootaki Art & Design

成熟時尚手作小物・打造繽紛生活
墨色藝術雜貨製作方法

作　　者　兔書屋
翻　　譯　林芷柔
發　　行　陳偉祥
出　　版　北星圖書事業股份有限公司
地　　址　234 新北市永和區中正路 462 號 B1
電　　話　886-2-29229000
傳　　真　886-2-29229041
網　　址　www.nsbooks.com.tw
E－MAIL　nsbook@nsbooks.com.tw
劃撥帳戶　北星文化事業有限公司
劃撥帳號　50042987
製版印刷　皇甫彩藝印刷股份有限公司
出 版 日　2023 年 03 月
Ｉ Ｓ Ｂ Ｎ　978-626-7062-35-7
定　　價　420 元

如有缺頁或裝訂錯誤，請寄回更換。

墨の色で作るアート雑貨 暮らしを彩る大人おしゃれな手作り小物
©Toshoya 2021

國家圖書館出版品預行編目（CIP）資料

墨色藝術雜貨製作方法：成熟時尚手作小物‧打造繽
紛生活 / 兔書屋作；林芷柔翻譯. -- 新北市：北星圖書
事業股份有限公司, 2023.03
128面；19.0×25.7公分
ISBN 978-626-7062-35-7(平裝)

1.CST: 手工藝

426　　　　　　　　　　　　　111010369

官方網站　　　臉書粉絲專頁　　　LINE 官方帳號